写真集

手押しポンプ探訪録

JN303128

大島忠剛　著

写真集

手押しポンプ探訪録

信山社

はじめに

水は人類にとっては勿論、生物が生きてゆくためには欠かせないものである。

人類のどの古代文明も水が間近に得られる河川のほとりに始まっている。ナイル、チグリス・ユーフラテス、インダスそして黄河文明然りである。

やがて人類の知恵は川から直接でなくとも用水、上水道、運河、井戸、カナート、プーキョなどによって水を獲得する方法を考案した。井戸掘りの技術、そして井戸からの水の汲み上げ方法もつるべからポンプへと進歩してきた。

手押しポンプは井戸の地下水を汲み上げるための道具であり、わが国では明治の頃から昭和30年代頃まで一般に使われていた。しばらく電動式ポンプが使われたこともあったが、水道の普及、地下水の汚染などによって、井戸水は飲料用としては使われなくなってきてしまった。

そのなかで、手押しポンプについては本書の中でも紹介しているように、最近雑用水としての雨水利用に伴う貯水槽からの汲み上げ、災害対策の緊急井戸用水の確保などで生き残りや復活をしてきている。

また、水道の普及していない開発途上国では、打ち込み掘抜き井戸や上総掘りなどの技術移転とともに手押しポンプの利用も盛んに行われていることはポンプファン？にとっては頼もしい限りである。

ここに収録したポンプの写真は平成一桁時代のものが大部分を占めている。私は平成7年8月に『ポンプ随想～井戸および地下水学入門～』と題して、『トーキングオブザ公衆トイレ』に次ぐ二冊目の本を出版した。これはポンプの歴史や物理的な作用と働きやポンプや井戸にまつわる雑学を主としていた。このたびの写真集はその当時写したものに、その後収集した写真を加えて編さんしたものである。したがって、一般に写真集といえば構図や美的感覚などの芸術性や報道写真のように社会性などを追求したものが主であろう。その意味では一種の風景写真的なところもあるが、あくまでもスナップ写真集であり、写真そのものの価値ではなく、この時代に、ここに、これが存在したという「記録」を残すことに主眼を置いている。そのため、写真にはすべて撮影場所（昨今は市町村合併が盛んであるが、ここでは撮影当時の名称とした。）と撮影年月を明記した。すでに存在しないポンプも数多くあることはさびしくもある。

道具の骨董市などでときどき何に使っていたものだろうと頭を悩ますようなものを見かける。その時代にはそれぞれ重要な、貴重な道具だったのだろう。手押しポンプも水の汲み上げ方法の歴史のなかの一時代を画した生活道具だったのである。最近、若い人のうちではポンプを使ったこともなければ、身近に見たこともないという人もいる。やがては、忘れ去られるのであろうか。

本書の出版にあたっては実に多くの方々のご協力をいただいた。情報の提供、現地案内など私のつまらない趣味にお付き合いいただき、その都度本の中では紹介させていただきましたが、ここでまとめて御礼申し上げます。

題字は『ポンプ随想』に続いて書道家・大平山濤先生（平成14年度 文化功労者顕彰）に揮毫していただき、編集にあたっては池平実佳さんに、精神的応援者として家族、同僚諸先輩に、また出版にあたっては信山社の袖山貴氏および稲葉文子氏に厚く御礼申し上げます。

平成18年1月　川崎市寓居にて

大島　忠剛

目次

■都下および神奈川県

■関東周辺

■関西地方

■近畿・中国地方

■四国・九州地方

■外国

写真集　手押しポンプ探訪録

今は消えてしまった昭和のレトロを感じさせる井戸端
（42頁以下参照）

■東京都区部

・池之端 弁慶鏡ヶ井戸（台東区）

この付近一帯は昔から多くの湧き水が点在していたらしい。境稲荷神社の社殿北側にある井戸は、源義経とその従者が奥州へ向かう途中で弁慶が見つけたと伝えられているそうだ。

境稲荷神社　平成6年7月

平成16年12月
右が東大の裏門？　三浦眞知子さん。

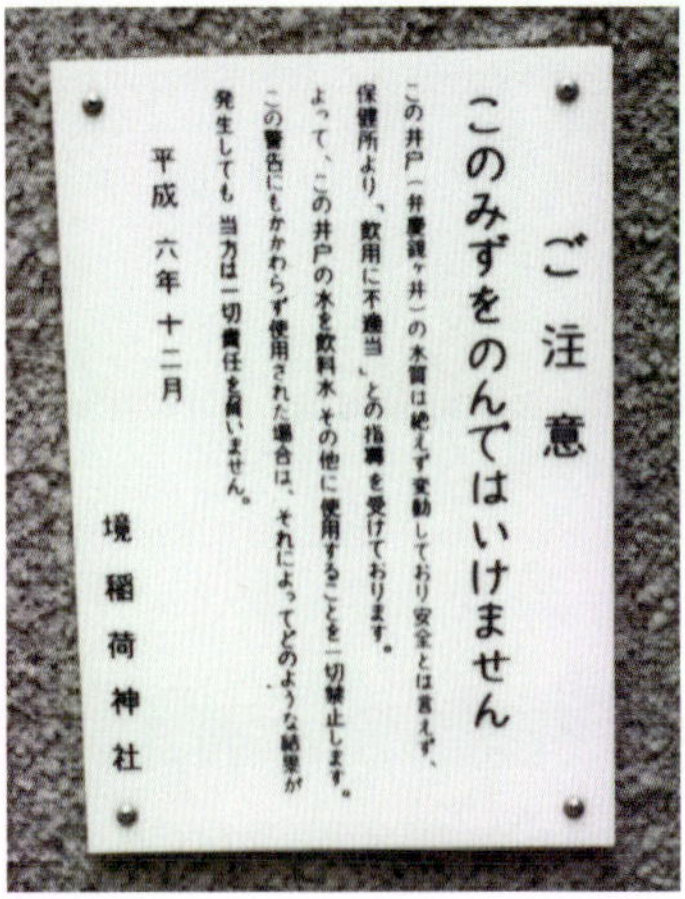

掲示板　平成7年11月

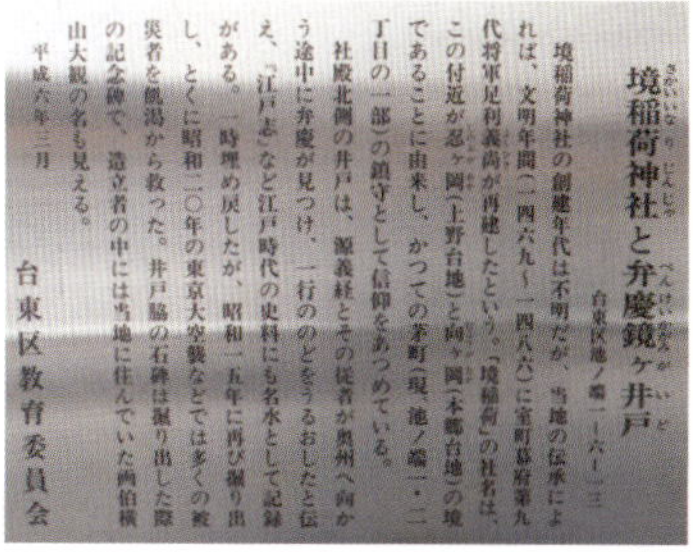

井戸の由来。

平成６年９月
この直後、テレビニュースで当分使用禁止になったと報じていた。
でも今はまた使われている。

平成６年７月
母親と息子のようだった。

平成６年７月
看板に目もくれず、ペットボトルに水を汲み入れながら「長年飲んできた水じゃ。毒なわけはない。」と、近くに住んでいるらしいおじさんの独り言。

・不忍池を守る会（台東区）

谷根千工房の山崎範子さんから、今度「不忍池と井戸ツアー」があるから参加しませんかと案内があった。

これは良い企画だわいと早速参加を決める。参加費は３００円だから電車賃の方が高い。フリーライターの秋山眞芸美さん、㈱ヴァネックスの津田修一さんらの案内で、たくさんの井戸とポンプを拝見させていただいた。

翌年平成９年にも「不忍池を愛する会」の主催で「井戸めぐりとき水会」が催され、参加させていただいた。

不忍池の下に地下駐車場を造る計画が一時期あったらしい。池は上野の山の樹木の涵養水でもあり、たくさんの鳥や魚たちの生息地でもあり、また周辺に１００ヶ所はあるといわれる井戸の水源ともなっている。地下水脈を守ろうではないか。

平成８年９月
池之端４丁目　御厩長屋にて。
井戸案内役の秋山眞芸美さん。

平成９年10月
谷中天王寺（龍泉寺）の井戸

平成９年10月
谷中１丁目　光雲山　法蔵院の井戸

平成８年９月
池之端４丁目

平成９年10月
谷中坂町三角路地の井戸

平成９年10月
谷中坂町　野田昭二氏宅の井戸

・池之端御厩長屋（台東区）ほか

このへんはポンプのみにとどまらず、家屋敷、樹木等すべてが昔の風情を残している。貴重な文化遺産ともいえよう。

左と下。池之端四丁目（谷中清水町）にある通称御厩長屋のポンプ。こちらは上流側のポンプで13軒で共同管理されているそうだ。

平成９年10月

平成７年11月

平成 7 年 11 月

平成 7 年 11 月

平成 9 年 10 月

上　池之端 4 丁目
　御厩長屋下流側の井戸ポンプ
　道の真ん中にある。6 軒で
　共同管理されているとか。

左と下
　谷中坂町野田昭二氏宅の
　井戸ポンプ。

平成 9 年 10 月

・旧吉田屋酒店（台東区）ほか

山手線の鶯谷駅を降りると、西側に徳川家墓地や上野寛永寺などがある。言問通り沿いに500ｍくらい歩くと、台東区の指定有形民俗文化財の旧吉田屋酒店の移設建物がある。その前庭の一角に砲弾ポンプ（P. 189）を思わせるポンプが鎮座している。

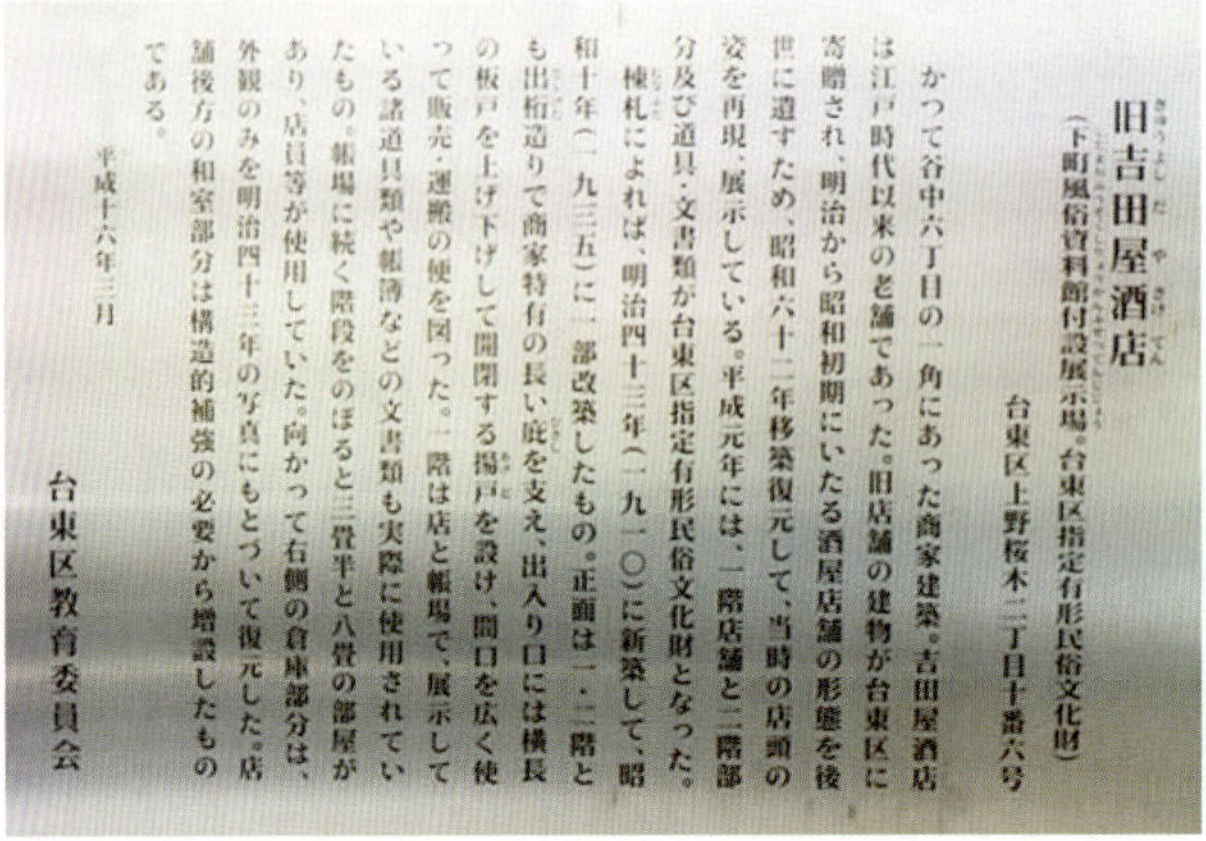
旧吉田屋酒店《きゅうよしだやさけてん》
（下町風俗資料館付設展示場。台東区指定有形民俗文化財）
台東区上野桜木二丁目十番六号
かつて谷中六丁目の一角にあった商家建築。吉田屋酒店は江戸時代以来の老舗であった。旧店舗の建物が台東区に寄贈され、明治から昭和初期にいたる酒屋店舗の形態を後世に遺すため、昭和六十二年移築復元して、当時の店頭の姿を再現、展示している。平成元年には、一階店舗と二階部分及び道具・文書類が台東区指定有形民俗文化財となった。
棟札によれば、明治四十三年（一九一〇）に新築して、昭和十年（一九三五）に一部改築したもの。正面は一・二階とも出桁造りで商家特有の長い庇《ひさし》を支え、出入り口には横長の板戸を上げ下げして開閉する揚戸《あげど》を設け、間口を広く使って販売・運搬の便を図った。一階は店と帳場で、展示している諸道具類や帳簿などの文書類も実際に使用されていたもの。帳場に続く階段をのぼると三畳半と八畳の部屋があり、店員等が使用していた。向かって右側の倉庫部分は、外観のみを明治四十三年の写真にもとづいて復元した。店舗後方の和室部分は構造的補強の必要から増設したものである。
平成十六年三月
台東区教育委員会

平成16年5月

全景。右奥にポンプが見える。

平成 16 年 5 月
谷中小学校入口にて。

胴体と地下管の間にふくらみのある珍しいタイプ。水位の低下（水涸れ）を遅らせるためのようだ。呼び水の予備タンクというところか。

・台東区寸景

平成５年４月

上　橋場１丁目にて。

右　谷中３丁目
日蓮宗大圓寺境内にて。
ここには鈴木春信、笠森おせんの碑がある。

下　橋場１丁目にて。

平成４年８月

平成４年８月

平成 5 年 11 月
浅草 1 丁目。右下に同じ。

平成 5 年 4 月
谷中 3 丁目。右に同じ

平成 5 年 4 月
谷中 5 丁目にて。

平成 17 年 8 月
「ポンプは見るのも初めて」という池平実佳さん。
浅草中央通り、うなぎ「小柳」脇にて。

・北品川2丁目界隈（品川区）　平成10年10月

京浜急行で品川からひと駅行くと北品川駅がある。旧東海道の宿場町の面影が今も残っている。昔は遊郭、妓楼が百件もあったとかいう景勝の地だったそうだ。旧東海道をはさんでたくさんの横丁がある。その横丁のあちこちにまだ手押しポンプが残っていた。

10戸で管理されている共同井戸ポンプ。

道路角地のポンプ。かつての面影を偲ばせる路地。

路上のポンプ。 横丁という言葉がピッタリである。

なぜ道のど真ん中に？それは･･････

道もポンプも共同・共有なのだ。

・佃島界隈（中央区）ほか

佃島はかつては摂津の佃村の住民が干潟を埋立てて移り住んだ。佃大橋ができたり、埋立地が多くなって「島」の感じはなくなった。

平成５年５月
佃小橋より佃川支川を望む。

平成５年５月
佃１丁目にて。

平成３年12月

平成５年５月
佃１丁目にて。

平成５年５月
佃１丁目。

平成５年５月
佃１丁目。折本船宿前にて。

平成 5 年 5 月
佃 1 丁目。今関荘前にて。

平成 7 年 11 月
入船 3 丁目にて。

平成 4 年 3 月
佃 1 丁目にて。

昭和 29 年 2 月
「街並みと暮らし」より。

平成 7 年 11 月
入船 3 丁目にて。

・菊坂通り　一葉の井戸（文京区）ほか

明治の女性文豪、樋口一葉は、新5千円札でもおなじみである。一葉は父の死後、母と妹とともに明治23年9月、18才のときにここに移り住んだといわれる。

平成16年12月
石段を登った左手の3階建の建物に一葉が住んでいた。

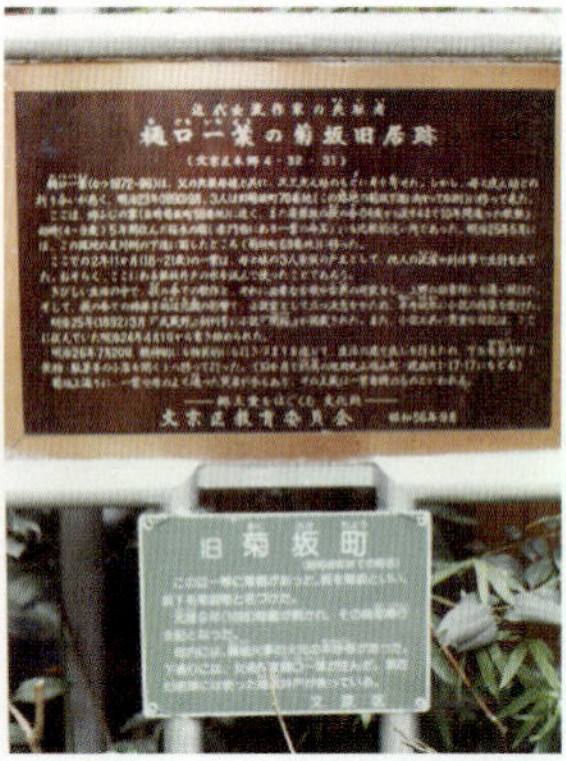

平成4年2月
一葉の旧居跡の案内板。

平成16年12月
一葉も使ったといわれる井戸。越野悦子さん。

平成4年2月
「防災協定井戸」のポンプ。

平成7年12月
本郷5丁目にて。

平成4年2月
本郷4丁目にて。

平成7年12月
珍しい「ふりつるべ」の井戸。
本郷5丁目にて。

平成7年12月
本郷5丁目にて。

・地盤沈下の証言者（葛飾区）　平成５年９月

東新小岩１丁目　東京都第五建設事務所・東京都江東治水事務所のヤード内にある「地盤沈下資料」の証人は抜けあがりポンプである。

地下水の大量汲み上げによって、地盤が徐々に圧密沈下を起こした。地下水規制によって沈下は止まったが、沈下した地盤は復元することはない。

昭和 13 年に作られ、昭和 38 年に計測が始まった時の高さは 1m70cm。それが平成 5 年には 2m10 cmと、40cm も伸びていた。

東京都第五建設事務所の前庭のポンプ。

今は、お役御免となった井戸。

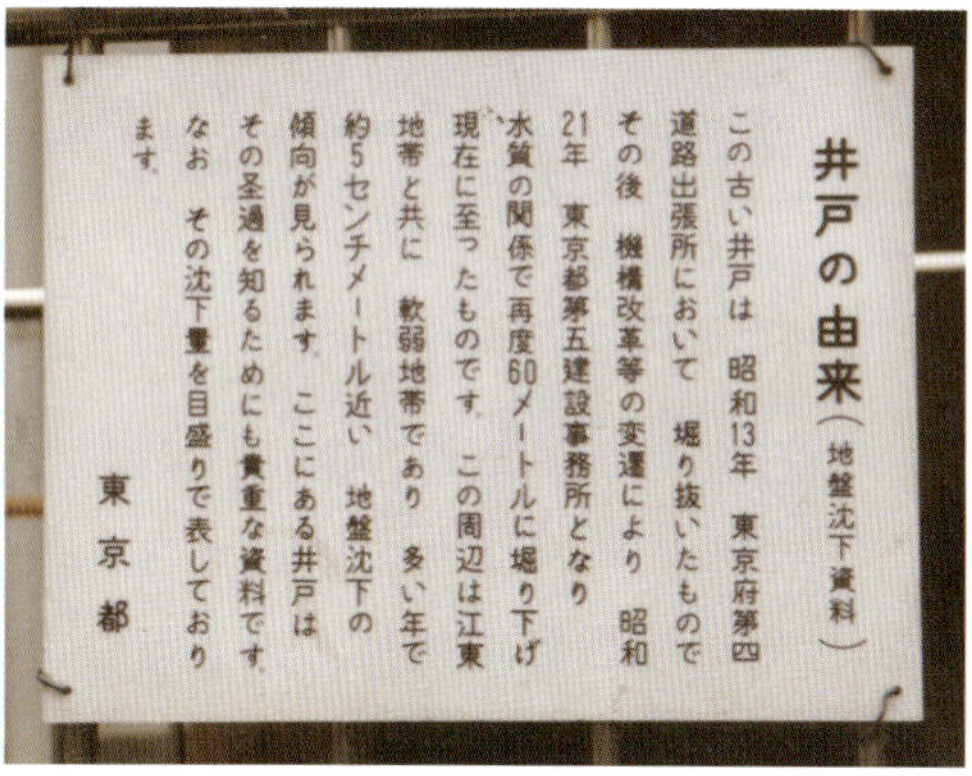
井戸の由来（地盤沈下資料）
この古い井戸は 昭和13年 東京府第四
道路出張所において 堀り抜いたもので
その後 機構改革等の変遷により 昭和
21年 東京都第五建設事務所となり
水質の関係で再度60メートルに堀り下げ
現在に至ったものです。この周辺は江東
地帯と共に 軟弱地帯であり 多い年で
約5センチメートル近い 地盤沈下の
傾向が見られます。ここにある井戸は
その経過を知るためにも貴重な資料です。
なお その沈下量を目盛りで表しており
ます。
東京都

右　地下60mの硬い地盤に固定された管。目盛りと測定年月が書きこまれている。
専門用語で「抜けあがり」というらしい。

・路地尊（墨田区）

路地尊はもともと「路地の安全を守るシンボル」だそうだ。それを押し広めて、屋根に降った雨水を貯めて、災害時等に利用するシステムを組み入れたものである。そして手押しポンプがそのシンボル的存在になっている。墨田区の試みは全国に、いや全世界に広まっている。

平成 4 年 11 月

向島 5 丁目　路地尊 2 号基。
一寺言問防災まちづくり（防災生活圏モデル事業）の一環。

平成 7 年 10 月

向島 5 丁目。路地尊第 3 号基。
（向島有季園）

平成 7 年 10 月

向島 5 丁目。
路地尊第 3 号基。

平成 14 年 1 月 11 日
京都新聞より。杉森敦子氏提供。

平成 4 年 8 月
東向島 1 丁目。路地尊第 5 号基。

平成 7 年 11 月
東向島 3 丁目。路地尊第 4 号基。(会古路地)

・ハイホーム桐山（世田谷区）ほか

新築のアパートの玄関先に手押しポンプがある。一見釣り合わないようで、よく見るとなかなか風情もある。世田谷区の戦災を免れた家には井戸ポンプが結構残っていた。しかし、それも少しずつ減ってきているようだ。

平成８年９月

北沢１丁目。ハイホーム桐山玄関。

平成８年６月

松原５丁目
浄土眞宗本願寺派正法寺境内にて。

平成４年６月

水を汲み上げる近在の大島裕子さん。

平成2年6月
松原にて。

平成2年7月
北沢にて。

平成6年10月
上祖師ヶ谷にて。

平成7年1月
桜新町いけばな教室「和風会」前庭にて。

平成2年6月
松原にて。

平成5年10月
「豪徳寺」境内にて。

・同潤会アパートの井戸跡（渋谷区）ほか

同潤会は関東大震災（大正12年）の義捐金を元に設立された財団法人である。この大正から昭和初期を代表する集合住宅「同潤会アパート」は老朽化のため、相次いで解体された。

この表参道の顔として親しまれてきた「青山アパート」も取り壊されてしまった。広い中庭には児童遊園もあり、そして井戸ポンプもあったのである。

平成 11 年 9 月
神宮前 4 丁目。同潤会青山アパート。

平成 15 年 3 月
同潤会アパートの前庭、中央遠方に井戸ポンプ。

平成 17 年 6 月
再開発工事中の同潤会跡。

平成 15 年 3 月
同潤会アパート前庭にて。

平成 11 年 9 月
同潤会アパート前庭にて。

平成 3 年 1 月
上北沢にて。

平成 15 年 3 月
同潤会アパート前庭にて。
森口茂子さん。

・路地の寸景（杉並区）

平成 14 年 4 月
杉並区清掃事業所高井戸分室前のポンプ。

平成 4 年 1 月
浜田山 1 丁目にて。

平成 4 年 7 月
同上　右のポンプは半年後には、ブロックや電柱の陰に隠れてしまっていた。

平成５年９月

右上　上高井戸１丁目にて。
右　　南烏山２丁目にて。
右下　浜田山２丁目にて。
下　　高井戸東２丁目にて。

平成５年９月

平成４年１月

平成４年１月
駐車場用地の鍬入れ式。

・神社境内、寺院（目黒区）ほか

目黒区八雲に住む息子が、桜がきれいだから見に来いというので、家内と出かける。事前に調査していたらしく、住居の近傍を散歩がてらポンプのありかを案内してくれた。

平成 17 年 4 月

目黒区八雲、氷川神社境内にて。

平成 17 年 4 月

同上。

平成17年4月
目黒区八雲、目連宗常園寺のポンプ。

同右。

平成17年4月
目黒区、柿の木坂通りのポンプ。

・路地の寸景（豊島区）ほか

平成７年11月
雑司ヶ谷１丁目にて。

平成７年11月
雑司ヶ谷１丁目　茶亭「なか山」

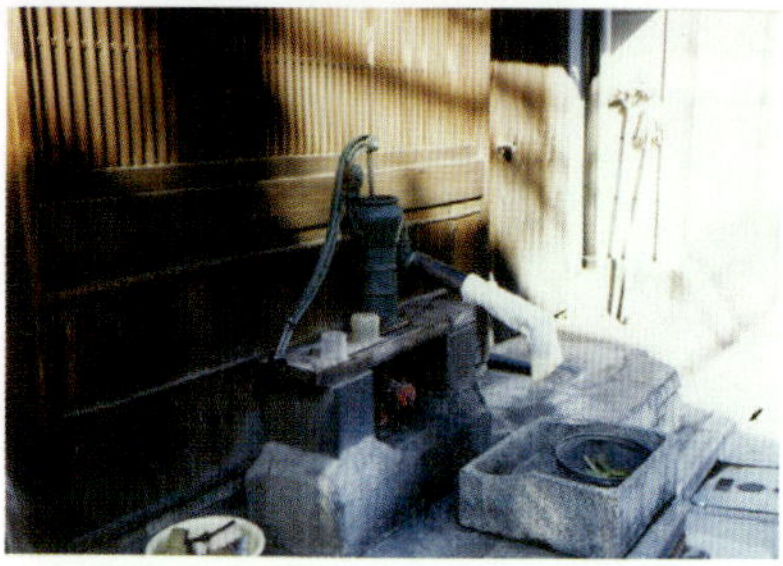

平成７年11月
南池袋４丁目「此花亭」前にて。

平成７年11月
同上全景。南池袋４丁目「此花亭」前にて。

千代田区
消火器
3037
②

平成４年２月
千代田区西神田２丁目にて。

平成 16 年 10 月
豊島区駒込。森 勇氏宅。

「自然教育園」近くの民家の井戸。数々
の災害から人々を救った。

ポンプがあった頃の写真
（現在は右）昭和年代

平成７年 12 月
目黒区上大崎２丁目。
（左の写真のその後の定点写真）

■都下および神奈川県

・大野真雄氏宅前庭（昭島市）

地図を片手に散歩をしていた。初めて訪れた地である。ふと、ある家の庭を見ると、その家の奥さんが野菜を洗っているところであった。おや、その脇に見馴れぬ型のポンプらしきものがある。図々しく「今日は」と声をかける。通常見馴れたガッチャンポンプよりもひと世代古いタイプのようだ。鋳物の胴体も、上の口も広がっている。把手は木製で大工さんに直してもらったとか。奥さんは「このへんでもうポンプは見たことないですねえ。」と。「いやあー、珍しいものを見せてもらって有難うございました。」

平成４年４月

大野氏宅、前庭の手押しポンプ。

平成４年４月

鋳物の胴体の型も変わっている。

平成４年４月

木製の把手は知人の大工さんの製作とか。

平成４年４月

野菜を洗う大野夫人。

・岩井うめ氏宅（稲城市大丸）ほか

ＪＲ南武線の矢の口、稲城長沼、南多摩の駅周辺には、ごく最近まで、たくさんのポンプが残っていた。ここに紹介しているのは、それらの一部であるが、残念ながら撮影当時にはすでに使われていないものが多い。下の写真のように今は撤去されてしまったものもある。

平成 13 年 4 月
塚原茂郎氏宅の裏庭。

平成 4 年 4 月
岩井うめ氏宅の庭にて。かつては灯籠と仲良く並んでいた。

平成 3 年 12 月
JR 南武線矢の口駅付近。

平成 4 年 10 月
塚原茂郎氏宅の台所。ポンプと水道併設。

平成 4 年 11 月
矢の口中島、長坂三之助氏宅にて。

平成 3 年 12 月
稲城長沼駅前にて。

平成 13 年 4 月
岩井うめ氏宅、ポンプは灯篭と共に消えていた。
（右ページの定点写真）

平成 4 年 10 月

・多摩ニュータウン（稲城市）

多摩ニュータウン稲城地区 長峰・杜の三番街。私は昭和57年から58年のちょうど2年間、住宅・都市整備公団の在職中に、多摩ニュータウン事業の工事計画を担当したことがある。大規模な造成工事のピークの頃である。公団は独立行政法人、都市再生機構に生まれ変わり、新規ニュータウン事業はなくなった。隔世の感である。

平成８年２月

「この井戸は雨水を利用していますので飲めません。草花の散水に利用して下さい。」とある。

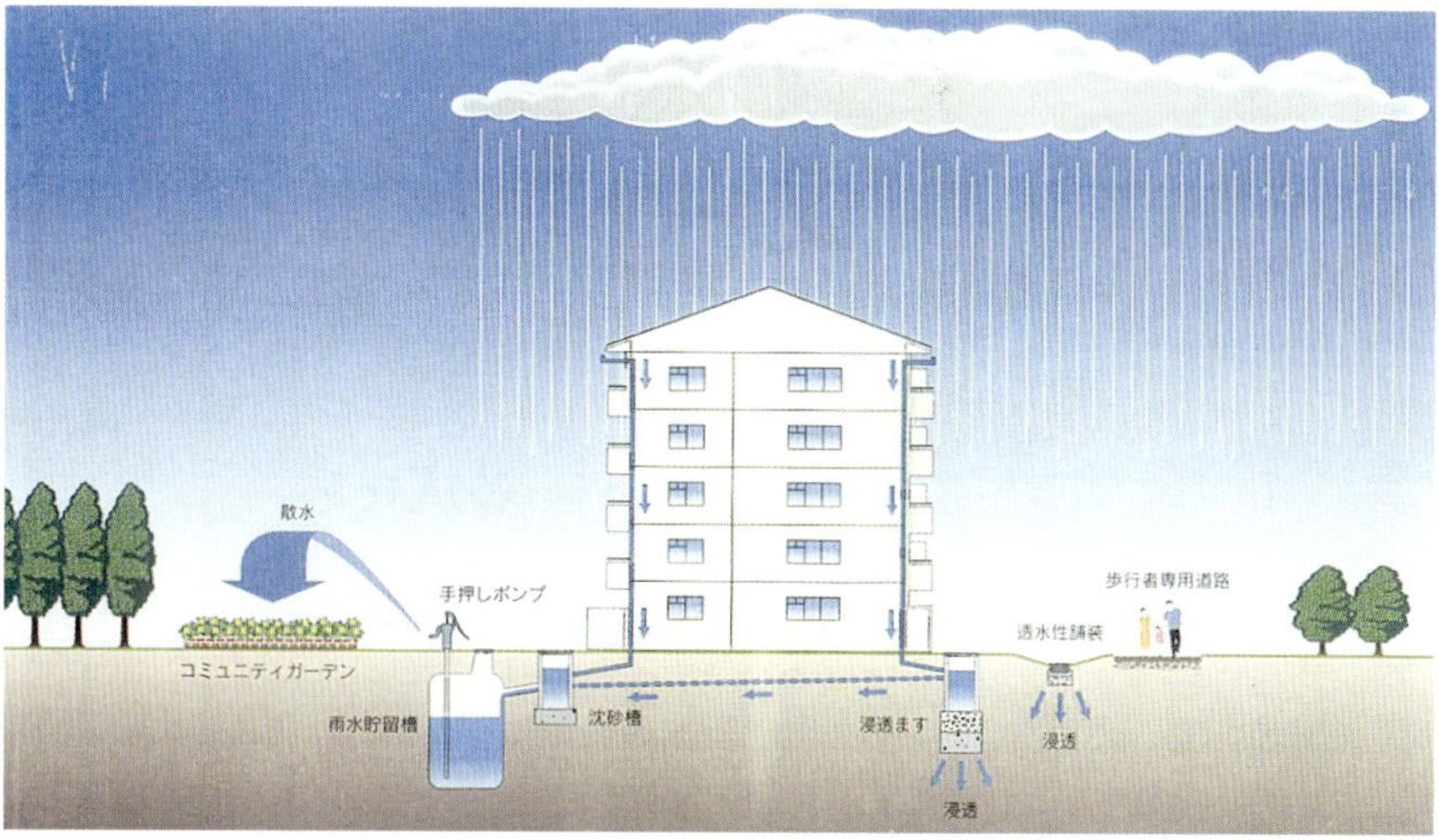

長峰・杜の三番街。雨水貯留施設の概要・模式図。

平成８年２月
子供が無理矢理漕いだのだろうか。残念ながら柄が折れてしまっていた。

・むかしの井戸公園（国分寺市）

平成 15 年 10 月
多喜窪児童遊園にて。園児たち。

市のパンフ「むかしの井戸」より。

平成 15 年 10 月
同上。

平成 4 年 8 月
泉町多喜窪児童遊園にて。

平成 15 年 10 月
珍しいタイプのポンプである。
輸出用だとか。

平成 4 年 9 月
同上。

平成６年
国分寺の井戸関係資料。

平成５年５月
日吉町、ポプラ児童公園にて。

平成５年５月
西恋ヶ窪市民プール前のむかしの井戸。

平成５年５月
西恋ヶ窪市民プール前のむかしの井戸。

平成５年５月
日吉町、ポプラ児童公園にて。

・錦児童公園（立川市）ほか

平成3年6月から2年間、住都公団から多摩都市モノレール㈱に出向した。この間、南武線で稲田堤から立川に通った。この頃に見かけたポンプと平成5年の正月に、当時社員だった晴着姿の佐伯さんにモデルをお願いした。

平成３年８月

柴崎町普済寺にて。

平成３年８月

錦町６丁目、松村宅氏庭にて。

平成５年１月

錦町５丁目にて佐伯京子さん。遠方は竹中荘。

平成５年１月

向こう側に児童公園。

平成４年10月

錦町５丁目、錦児童公園付近のポンプ全景。
左上の写真と定点撮影だが、ポンプが入れ替わっている。

・甲州街道沿い（日野市）

―軒下の井戸端―

平成 4 年 12 月

日野、甲州街道沿い川久保氏宅にて。

このポンプは、多摩都市モノレールの計画路線を視察の際に、偶然見つけたものである。

この写真集のうちで数少ない風情のある構図である。欲を言えばきりがないが、干し柿がもう少しいっぱいあって、わら葺き屋根があればよい。この家の主婦は左ききのようである。水の吐出口の砂取り袋もなつかしい。

最近になってもう一度訪れたが、残念ながら新しい家が建ち並び、探しあてることができなかった。無くなったのかも。

平成４年12月

平成４年12月

・風情を添えるポンプ（府中市）

府中市是政、府中川崎街道をちょっと入ると、急にひなびたところがある。昔ながらのポンプも三々五々見られるが、現役として活躍しているのは少ないようである、それにしても、ポンプのある風景もまた風情を添える。

平成4年10月

是政。軒下の井戸。

平成8年11月

府中街道沿いの影山氏宅。

平成 3 年 10 月
柿の木と松もまた風情を添える。影山氏宅。

平成 3 年 12 月
是政にて。

平成 3 年 12 月
同上。

平成 4 年 10 月
ポンプにモーターを取り付けてある。
是政。吉野氏宅。後方は JR 南武線。

・畑中の井戸（町田市図師）

畑の水やりに井戸ポンプを利用していたのだろう。このすぐ近くにもうひとつポンプがあったが、３ヶ所同時に入るアングルがなくて残念であった。すぐ付近を鶴見川が流れている。伏流水もあったろう。今は水道からホースで引くことができるから、もう利用されていないようだ。それにしてもこのポンプ群は、車の渋滞のときふと横を向いたら家と家の間から偶然見つけたものである。感謝！

平成４年４月

平成４年６月

平成４年４月

・高尾にて（八王子市）

東京都心から日帰りで登山ができる。高尾山である。薬王院は真言宗智山派の大本山である。京王線で終点の高尾山口駅を降りるともう自然がいっぱいである。ケーブルカーに乗れば山頂付近までいける。山頂までは散歩みたいなものである。ハイヒールでも行ける便利な世の中である。

平成 15 年 9 月

京王線高尾山口駅前。（有）有善堂本店。
手前は南淺川。

平成 4 年 6 月

同右。

平成 4 年 6 月

甘党の店、有善堂本店脇にて。

平成 14 年 2 月
高尾町にて。今も立派に現役である。
JR 中央線、京王線高尾駅前にて。

平成 14 年 2 月
同左。

平成 14 年 2 月
同上左。

平成 14 年 2 月
残念ながら破損していた。同右。

平成 14 年 2 月
今も残るポンプ小屋。

・路地の寸景（国立市）

JR南武線沿線では、これらの写真を写した当時は、まだだいぶポンプが見られたものである。谷保駅付近の両北島氏宅はご兄弟か親類だろうか。屋敷も近く、ともに常にポンプ脇に幣（ぬさ）が捧げられていた。

平成５年５月

鯉のぼりが勢いよくひるがえる。谷保、北島清八氏方庭にて。

平成５年５月

同上。ポンプ脇に御幣が。

平成4年12月
谷保、関吉男氏方庭のポンプ小屋。

平成5年1月
谷保、北島米吉氏方庭にて。

平成5年5月
同上のポンプ。
滑車、手押しポンプ、ホームポンプの三代が見られた。

平成5年1月
同上にて、佐伯京子さん。
谷保天満宮への初詣の際に。

・路地の寸景（横浜市緑区）ほか

平成 16 年 9 月

青葉区「こどもの国」にて。小島厚子さん提供。

平成 5 年 5 月

緑区長津田、井上氏宅前庭。

麦秋や　まだ現役の　ポンプ井戸　（横浜市港北区 鈴木基之氏作）

平成 14 年 1 月

緑区長津田、井上氏宅。

平成 10 年 3 月

長津田、アパート「ノブレス」脇

平成 11 年 1 月

緑区長津田にて。

平成 5 年 6 月

港北区藤原町にて。

・長屋門公園（横浜市瀬谷区）

相模鉄道線三ツ境駅から散歩気分で約20分、暑い日であった。この長屋門は正面から見て右側に大きな開口部を持つ居住部分、左側には納屋土間、さらに土蔵が続くという珍しい形式だそうだ。明治17年建築。

公園の広さは約3.5 ha、門をくぐると庭の中央に井戸小屋と手押しポンプがあった。この下の写真を参考にして在フランスの画家、和泉澤四郎氏に絵を描いてもらった。(P.182)

平成10年8月

平成10年8月

平成 10 年 8 月

農村生活の魅力を再生、湧き水と流れ、杉林、そして茅葺きの民家や長屋門が、瀬谷・阿久和の風土を今に伝えている。(パンプより)

平成 10 年 8 月

平成 10 年 8 月

・上総掘り試掘（川崎市多摩区枡方）

新聞のローカル版を見ていたら、「上総掘りのやぐら」の写真と「目標達成の喜び、井戸掘りで体験。大検を目指す予備校生ら。泥まみれの2週間。今日完成。」の記事が目に入ってきた。場所は？と見るとすぐ近くである。早速車で出かけた。大検受験予備校「COSMO」で農業や開発援助などの講座担当の阿部敏文氏の企画で、フィリピンなどに上総掘りの技術指導をしている「アジア井戸端会」の知人に依頼して実現したそうだ。当日は若者たちの間で師匠と呼ばれている谷藤勝美氏の指導により、現地では最後の掘削とポンプ据付けが行われていた。

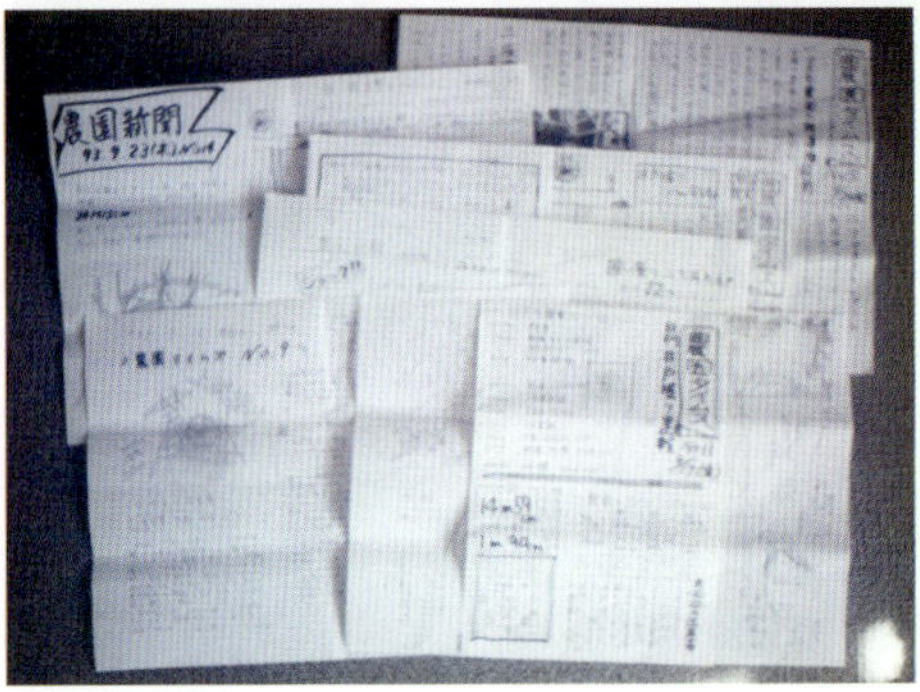

会報「農園新聞」「農園タイムス」等

平成5年9月

上総掘り、試掘中。

平成5年9月
ポンプ組立て中。

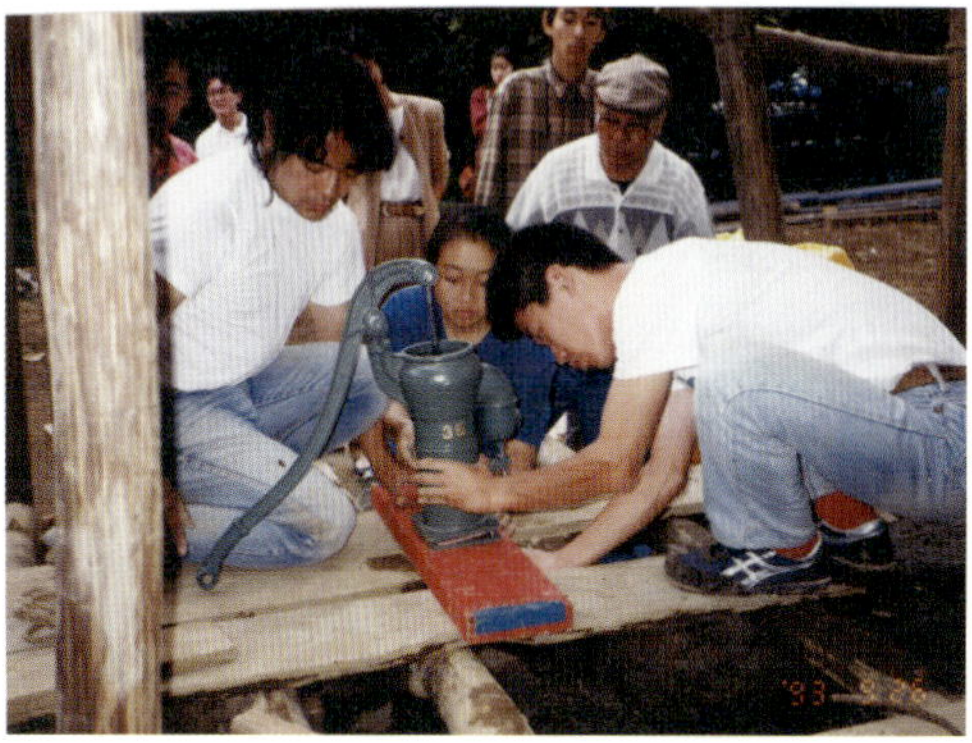

平成5年9月
手押しポンプ据付け中。見守る谷藤勝美氏。

平成6年2月
井戸脇で野外パーティ。阿部敏文氏や若者達と。

平成5年9月

平成6年2月
フィリピン製ポンプ。

・ある地蔵尊脇にて（川崎市多摩区）

小田急線生田駅、読売ランド前駅のあたりは国道世田谷町田線と併行して、谷間のような低地を走っている。沿線の高台は両側ともすっかり開発されてしまった。生田駅近くに「和光慈悲地蔵尊」がある。写真でみるように後背地は自然林が残り、涵養水源の働きをしている。

昭和55年7月
少年の頃の息子たち。

平成5年1月
上の写真と比べて、板べいが石積みブロックになっている。

平成３年５月

石碑には「高休山観音寺」と書いてあるのだろうか。

平成５年１月

時々近くの生徒たちが水飲みや手洗いに来る。

平成２年５月

・星の子愛児園（川崎市多摩区）

私の家の最寄駅、ＪＲ南武線稲田堤付近である。いつの間にか変わった建物ができたと思ったら星の子愛児園とある。以前は野原で草地の中に、さびたポンプがあったものだ。園児の父兄（祖父兄かな?）のふりをして園内で撮影したものである。

平成 14 年 8 月

星の子愛児園全景。

平成 14 年 8 月

つなぎ写真でやや不出来。園児の遊ぶ広場とポンプ。右が JR 南武線。

平成 14 年 8 月

JR 南武線が通る。

平成 14 年 8 月

手押しポンプは新品に変えられた。
勿論水は出る。

平成 8 年 6 月

野原だった頃。ポツンとポンプが見える。

・西菅団地の雨水利用施設（川崎市多摩区）

私が住んでいる西菅団地の一角である。以前は調整池であった。河川改修も終わって、下水道も完備したので池を撤去し、高層住宅ができた。住宅公団（現、都市再生機構）では神戸市灘区のＨＡＴにもあるが、雨水利用施設の一環で、手押しではなく回転式ポンプである。

平成14年9月

平成14年9月

平成 14 年 9 月

平成 14 年 9 月

平成 14 年 9 月

・災害時用生活用水供給井戸（川崎市多摩区菅北浦）

ここも私が住む団地の近くである。阪神・淡路大震災からの経験もあろう。最近の中越地震など災害は突然に襲ってくる。手押しポンプといえば、前述のような雨水利用など雑用水のための施設が多いなかで、川崎市では災害時のための生活用水供給井戸として手押しポンプを設置。それにしても4基並んでいるとは壮観である。背後は多摩自然歩道のある緑地。前方に旧三沢川。

平成 16 年 5 月
ポンプ群の背後には地下水涵養源の豊かな森、菅北浦緑地（約 55ha）がある。

多摩自然遊歩道に連なる。
建物は自主防災倉庫。

頼もしい手押しポンプ群。

向こう側フェンスは旧三沢川、左方に大谷橋。

・江ノ電沿線（鎌倉市）ほか

―庭先、玄関先のポンプ―

ここに紹介したポンプは、多分すべて（水が汲みあがる）現役である。現役、退役に関わらず、ポンプは庭や玄関のエクステリア（屋外装飾品）としても立派にその役目を果たしている。ちょうど、昔の飾り井戸のように。

平成４年10月
鎌倉市坂の下。江ノ電長谷駅前。

平成４年10月
鎌倉市腰越。手前は江ノ電の線路。

平成7年8月

伊勢原市1丁目にて。

平成12年11月

川崎市多摩区登戸にて。

■関東周辺

・竹藪の中の井戸（千葉市鎌取町）

竹藪の中の井戸ポンプは、私が永年探していたものである。これは私の知る唯一のものであるが、残念ながらポンプは現役ではない。

平成９年４月
まだ呼び水を送れば汲み上がりそうな感じである。

平成 14 年４月
JR 外房線鎌取駅から。遠方に竹藪が見える。

平成９年４月
駐車場が迫っている。辛うじて昔の自然が残っている感じだ。

平成9年4月

ところどころに筍が顔を出している。

平成12年4月

この竹林の奥に居宅がある。

平成9年4月

・都市緑化ちばフェア（千葉市稲毛海浜公園）

第12回全国都市緑化フェアは千葉市の稲毛海浜公園で催された。私がかつて勤務していた住宅・都市整備公団も共催していたことや、上総掘りが体験できるとか、ウィングポンプなど珍しい展示もあるといううわさで早速出かけた。上総掘りの継承者、越後保蔵氏はつい前日くらいにインドネシアでの技術指導の状況をテレビで拝見したばかりであった。

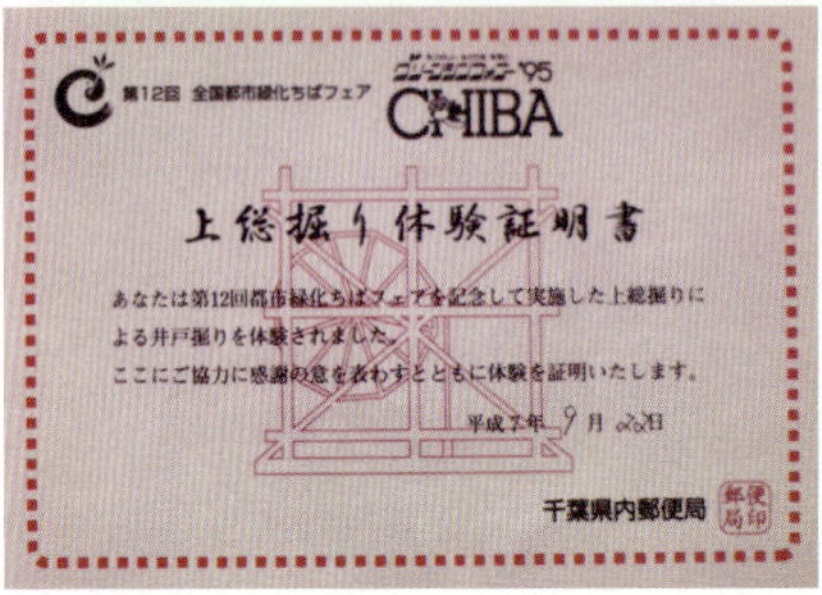
第12回 全国都市緑化ちばフェア　CHIBA '95

上総掘り体験証明書

あなたは第12回都市緑化ちばフェアを記念して実施した上総掘りによる井戸掘りを体験されました。
ここにご協力に感謝の意を表わすとともに体験を証明いたします。

平成7年 9月 26日

千葉県内郵便局　郵便局印

平成7年9月

上総掘り体験証明書。

平成7年9月

上総掘りのデモンストレーション。左上が越後保蔵氏。

平成７年９月
エクステリアとしても良い。

平成７年９月
上総掘りの継承者、越後保蔵氏と。

平成７年９月
雨水利用施設に使用されているウィングポンプ。

平成７年９月
環境共生住宅。こんなベランダの一角にまでポンプが。

平成７年９月
住宅・都市整備公団の環境共生住宅、ウィングポンプを漕ぐコンパニオンさん。

・千葉県立上総博物館（木更津市）

上総掘りは明治20年前後に旧君津郡域（旧国名上総）にあった井戸掘り技術である。昭和35年と平成7年に国の重要有形民俗文化財の指定を受けている。訪れたときはちょうど開館30周年記念とかで、上総掘りの詳細を紹介していたので、よく理解することができた。

平成12年4月
JR内房線　木更津駅から徒歩20分。（太田山公園内）

平成12年4月
実物大の上総掘りの模型。

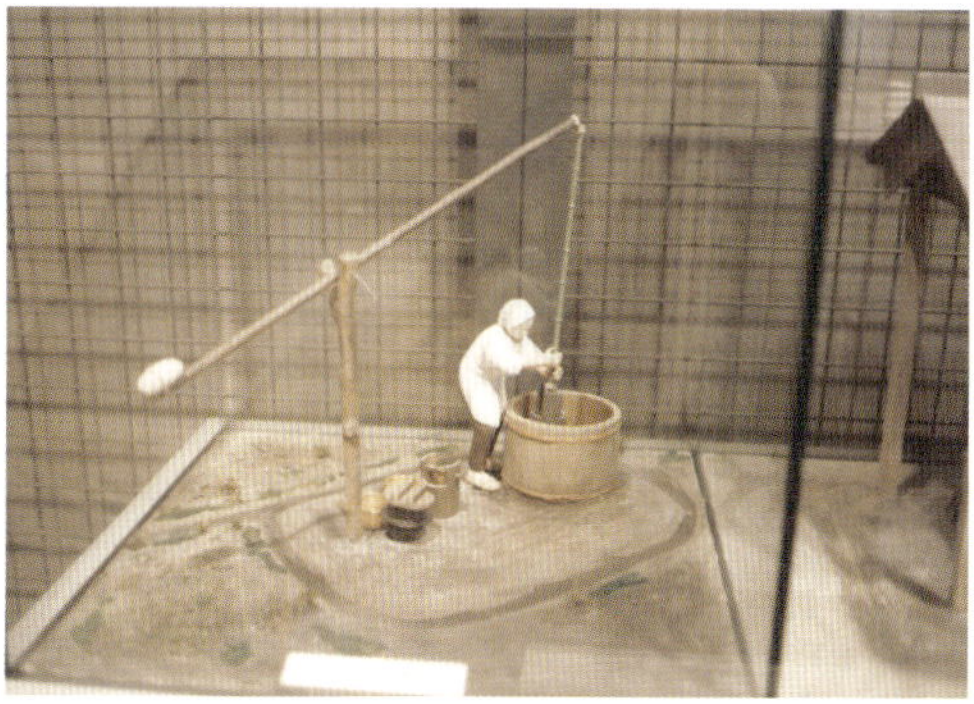

平成 12 年 4 月

はねつるべの模型。

平成 15 年 9 月

手押しポンプの模型。

平成 12 年 4 月

釣瓶井戸の模型。

平成 15 年 9 月

手押しポンプの模型。

平成 12 年 4 月

館内展示品の一例。

・袖ヶ浦公園（千葉県袖ヶ浦町）

千葉方面にはときどき出かける機会があった。楯岡侑子さんの案内で、袖ヶ浦公園というところへ車で行く。公園の中に上総掘りの矢倉と、掘削の際に設置されたポンプが据え付けられていた。そして、発生の地域にふさわしく、上総掘りの歴史と井戸の歴史の立看板がある。寒さを忘れてシャッターをきる。なお侑子さんの御主人の楯岡正毅氏は私の小学校から大学までの1年先輩で、私が尊敬している人たちの一人である。八幡製鉄（現 新日本製鉄）に勤めておられたが、残念ながら平成6年6月、58才で早世された。

平成15年1月

平成15年1月

上総掘りの矢倉が残されている。

平成15年1月

矢倉の手前に手押しポンプが見える。

平成15年1月

平成15年1月

手押しポンプ。

・一坪菜園の水源（千葉県野田市）

家内はもう10年以上も畑を借りて、野菜や花を植えている。私も定年とともに本格的な年金生活に入ったので、時々手伝っている。地主さんは、ただで土地の管理ができ、借りる方は安く利用できる。団地に住んでいても畑仕事ができるとは有難いことである。

ここは、JR常磐線柏駅で、東武野田線に乗り換える。梅郷駅から5分くらい歩いたところである。

平成8年6月

畑の水源。

平成8年8月

ご夫婦かと思ったら、ご近所付き合いのようで楽しく語らっていた。

平成 8 年 4 月

種蒔きの季節。

平成 8 年 3 月

「ほら、頑張って…」「うぅーん」

平成 8 年 3 月

「2 人がかりでも大変だあー」

平成 11 年 10 月

収穫の季節。

平成 12 年 10 月

満月下のポンプ。ちょっとおぼろ月夜か。

・海辺の町（千葉県勝浦市）

「匂いぬる会」などという訳のわからぬ名前をつけて、４人での付き合いを永年にわたって続けてきた。今も続いているのかもしれないが、お互いに年齢とともに出不精になってきた。

子供らの小さいうちは、家族ぐるみで旅行したものだ。これは勝浦の民宿「まぐさ」に泊まった翌日の散歩の時写したものである。この日はこの後、誕生寺、養老峡谷などに立寄った。

平成10年9月
吉尾にて。

平成10年9月
吉尾にて。（同上）

平成 10 年 9 月

吉尾にて。

平成 10 年 9 月

平成 10 年 9 月

吉尾、尾代氏宅にて。

・ポンプのある寸景（千葉県内）

千葉県内には5年間住んだことがある。松戸市小金原というところに公団の職員宿舎があった。そこから柏市の北柏地区の区画整理事業の事務所や茨城県南の筑波研究学園都市開発局に通勤した。

昭和51年4月

私が意識してポンプを写した最古のもの。
柏市十余二、土地造成工事現場内。

平成7年10月

船橋市にて。松井信彦氏 提供。

昭和 54 年 5 月

野田市清水公園付近で。つるべの滑車、ポンプ、水道の 3 台。

平成 8 年 1 月

野島岬灯台付近にて。家内撮影。

平成 3 年 6 月

松戸市二ツ木にて。

・もみじ公園（埼玉県飯能市）ほか

住宅・都市整備公団が飯能市で開発した美杉台団地（約100ha）の「もみじ公園」の一角に、ポンプが設置されている。飲料用ではないが、子供たちの遊び道具の一つとなっている。

平成10年1月
児童公園「もみじ公園」にて。

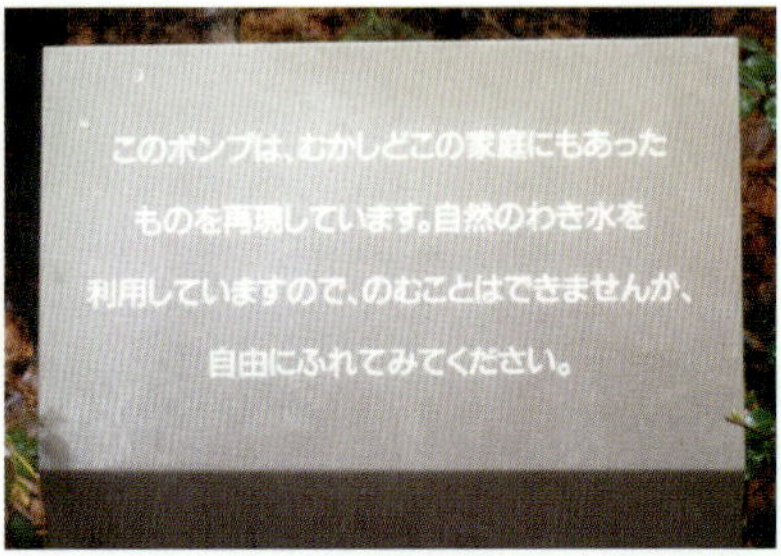

平成8年3月
「もみじ公園」の看板。

平成12年4月
児童公園「もみじ公園」にて。

平成8年3月
住宅・都市整備公団埼玉西部開発事務所にて。

平成 6 年 1 月
野木町の田園にて。遠方 JR 宇都宮線。

平成 12 年 4 月
飯能市矢颪にて。

平成 12 年 4 月
与野市（現　さいたま市）氷川神社にて。

平成 7 年 12 月
飯能市大河原にて、ホームポンプと水道と共に。

平成 7 年 12 月
飯能市大河原にて。

・鋳物の里（川口市）と要害通り（蕨市）

かつての鋳物の里もすっかり住宅地化、ベットタウンとなった。「キューポラのある町」も今は昔。

平成５年９月
ポンプ１基16,400円也。

平成５年９月
川口駅前のモニュメント。

平成５年９月
鋳物問屋㈱山田屋の店先。

平成8年6月

平成13年9月
さいたま市（旧 浦和市）大間木の氷川神社にて。

平成8年6月
蕨市「要害通り」
栗原秀人氏 提供。
（上の写真も）

平成13年9月
同上のポンプを反対側から撮る。
把手の頂上に赤とんぼがとまっている。望遠レンズがなくて残念。

・東光寺（佐野市）ほか（栃木県内）

平成 14 年 3 月

さいたま市鹿手袋の畑中にて。

平成 14 年 10 月

佐野市東光寺、遠望。

平成 14 年 10 月

東光寺境内と井戸小屋ポンプ。

平成 9 年 11 月
小山市間々田のある神社にて。

昭和 63 年 6 月
那須高原ファミリー牧場「りんどう湖」にて。

平成 5 年 7 月
下都賀郡国分寺町笹原にある農家の庭先にて。

平成 11 年 4 月
小山市間々田にて。
火事の焼け跡。時々通ったとなりのラーメン屋も類焼。

・茨城県庁の中庭

平成 14 年 4 月

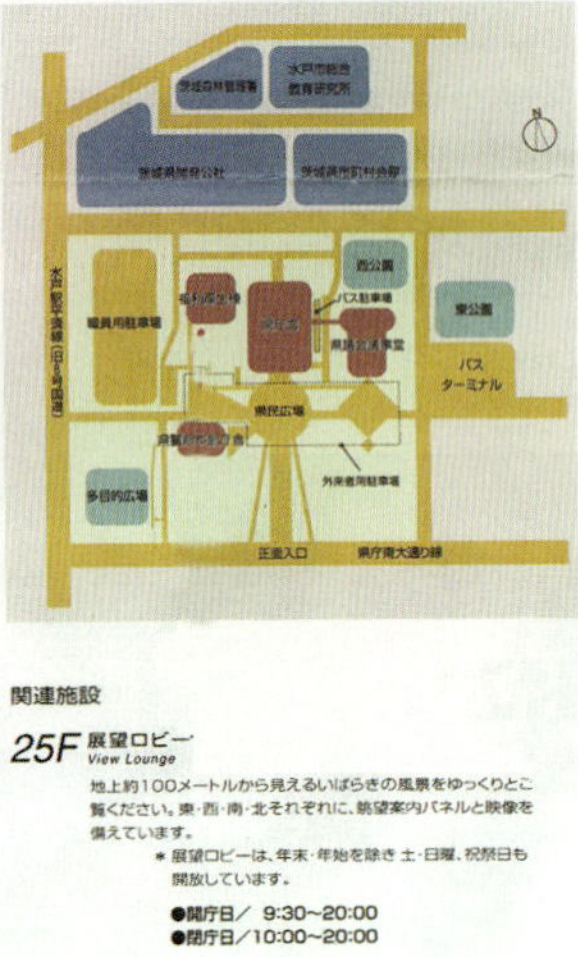

茨城県庁舎

所 在 地	水戸市笠原町
敷地面積	15ha（西公園を含む）
建築面積	6.800 ㎡
延床面積	81.000 ㎡
階　　数	地上 25 階、地下 2 階
竣　　工	平成 10 年 12 月

平成 13 年 12 月

茨城県の県庁所在地「水戸」は、名前からして「水」に恵まれた都市である。湖や湧き水による池沼も多い。地下水が豊富だからこそ水道の普及率もずっと他県の後塵を拝してきた。現役の手押しポンプが最も多い県だと私は思っている。なお、水戸の「戸」は井戸に見るごとく、ドアの意味ではなく、出入口即ち河口を意味する。水戸以外の地名では江戸をはじめ、神戸、八戸、音戸、亀戸、平戸、室戸など枚挙にいとまがない。なお、千葉県の松戸は今は内陸だがかつては海に面していたことがわかる。そんなわけで、県庁の中庭に手押しポンプ設置とはなんと相応しいことであろうか。知人からの情報で早速出かけてきた。

平成 14 年 4 月

平成 14 年 4 月

・つくば市（茨城県）

平成３年５月

つくば市（桜村）上の室、岡野満子氏宅の庭内。

平成２年７月

同上。

約44年間のサラリーマン生活のなかで昭和53～54年の2年間と、昭和63年～平成3年までの3年間と計5年間、私は研究学園都市の建設と管理の業務に携わった。今は新しい都市も熟成し、平成17年秋には念願の常磐新線もつくばエキスプレスも開通する。一歩都市の外へ出ると昔ながらの田園都市が広がるという環境に恵まれたところだ。結構、周辺の旧家や農家に手押しポンプが今も活躍している。

平成3年5月

平成7年11月

平成7年11月

以前に勤めていた筑波新都市開発株式会社の女性たちと、井戸小屋前で。

私が3年間出向していた筑波新都市開発株式会社は、都市公団と茨城県、そしてつくば市と銀行などが出資してできた学園都市内の公共施設の維持管理等を受託している会社である。各所の公園を巡るときは、自転車を利用した。お陰でポンプに遭遇する機会にも恵まれた。

平成８年５月
桜柴崎にて。荻根尚子さん。

平成２年４月
桜上の室にて。

平成３年５月
宮本美代子さん。横山恵美子氏宅にて。桜観音台。

平成２年12月
桜柴崎、市原秀夫氏宅。

平成３年３月
谷田部、飯泉氏宅台所。

平成２年９月
谷田部、手代木にて。

平成３年２月
桜上野にて。引退したポンプ。

平成２年８月
桜倉掛にて。

・フォンテーヌの森キャンプ場（茨城県つくば市）

根本健一氏は、つくば市吉瀬というところで、ラ・フォンテーヌという外国みたいな名前のキャンプ場を経営している。今はルーラルカンパニー吉瀬の代表取締役である。ニュースタートプロジェクト準備事務局など幅広い方面にご活躍中である。以前は私が出向していた筑波新都市開発㈱に勤めていたらしいが、脱サラしたらしい。私がポンプに興味を抱いていたのを、どこからか耳にしたらしく、今度ポンプを据え付けたから見に来てください、といって一度案内された。その後、根本さんからまた電話がきた。「珍しい形のポンプをカナダで買ってきました。飛行機の

平成３年５月

平成３年５月

「フォンテーヌの森」キャンプ場にて。つくば市吉瀬。

中を手荷物で運んだので大変でしたよ。是非見に来て下さい。」というので早速出かけたものだ。なるほど変わった形をしていた。他にポンプの写真を数枚頂いた。（P. 164〜165）

平成7年8月
「フォンテーヌの森」にて。同右。

平成7年8月
カナダ製手押しポンプ。根本氏所有。

平成2年4月
「フォンテーヌの森」キャンプ場にて。つくば市吉瀬。

・風車と揚水ポンプ（茨城県つくば市）

今正月（平成17年）東欧旅行をした。プラハからウィーン、そしてブタペストへとバスで移動したが、車窓にはたくさんの発電用の風車が見られた。地球温暖化対策として自然エネルギーの利用が叫ばれている折、再考されるべき昔の知恵があることを知る。半世紀ほど前まで、つくば市金田には、潅漑風車が林立していたそうだ。昭和26年に、茨城県が読売映画社に依頼した「新しい村」というタイトルの映像のなかに、その姿があり、有志による復元が実現したそうだ。先に紹介した根本健一氏もその一人で、案内状をいただいたので早速その復元現場に出かけた。あいにく根本氏には逢えなかったが、かつての同僚の磯辺氏に案内していただいた。

平成11年6月
復元された風車全景。

下から風車を見上げる →

機械動力の発達、広域水利事業の完成とともに、風車は消えてしまった。手押しポンプの盛衰と似ている。また、地球にやさしい自然エネルギーの利用として、再び脚光を浴びようとしているところも似ている。

平成 11 年 6 月
風車、ポンプと並んで。筆者。

私の知人、名古屋の村井産業㈱のカネヨ・マークのポンプが取り付けられていた。

平成 11 年 6 月
羽根の 1 枚に増山式と書いてある。考案者、増山清四郎氏の名前にちなむ。
製作は、孫で大工の弘氏。金田という名前通りの田園地帯。
右は案内してくれた磯辺和夫氏。

・荒川沖駅前（土浦市）

山崎さん宅は、JR常磐線荒川沖駅前にある。家の庭の敷地を利用して、通学生相手の自転車預所をされている。平成2年、5年、8年の3度伺った。

1回目　平成2年11月

私「やあー、おばあちゃん。今日は天気が良いですね。通りがかりにちょっとポンプを見かけたもので、ちょっと見せてください。私の田舎にも昔はあったんですよ。なつかしいなー。」

おばあちゃん「えー、今は珍しくなりましたね。でも高校生の孫が古くさいと言って、取っ払いたがるんですよ。」

私「ほうー。そりゃあもったいない。是非残して下さい。ところで飲めるんですか。」

おばあちゃん「いや、浅井戸だから、専ら庭の散水と植木の水やりに・・・。」

お嫁さんも気さくな人で、初対面なのに、お茶とお菓子をご馳走になった。

2回目　平成5年8月

魚津（富山県）へ帰省して早速、お土産に名産かまぼこを持って訪れる。

お嫁さんがいた。

平成2年11月

山崎さん宅の庭先の在りし日のポンプ。

私「こんにちは。以前にこの庭先のポンプの写真を撮らせてもらった者です。」
お嫁さん「あぁ、憶えております。」
私「今日は、おばあさんはお出かけ？」
お嫁さん「はぁ、先日亡くなりました。」
私「はぁ・・・そうですか。この前逢ったときはあんなに元気そうだったのに・・・。」
ポンプは未だ淋しそうに残っていた。

3回目　平成8年3月

荒川沖駅を利用する機会があって、久しぶりに一寸寄ってみる。あぁ、なんとポンプの跡形も無く、井戸にはコンクリートのふたが・・・。

平成２年11月
ポンプの手入れも行き届いていた。

平成５年８月

平成５年８月
主は亡くなっても頑張っていた。

平成８年３月
あぁあのポンプが無い！
よみ返ることはあるだろうか。

・ポンプ点景（茨城県内）

平成３年４月
東茨城郡 常北町のある民家の庭にて。

昭和 63 年６月
JR 常磐線土浦駅前にて。

平成３年５月
新治郡 八郷町にて。素晴らしい庭に相応しい井戸小屋である。足立光男氏提供。

平成 3 年 5 月
新治郡 八郷町にて。足立光男氏提供。

平成 7 年 11 月
北相馬郡 藤代町の田畑の一角にて。

平成 3 年 4 月
常北町おそば屋さん「一三庵」にて。
奥のかまども現役だ。

・旧高野家・甘草屋敷（山梨県塩山市）　平成16年6月

高野家は江戸時代に徳川家光により、甘味料、調味料や薬用植物としての甘草（かんぞう）の栽培を命じられ、幕府に納めていたことから、別名「甘草屋敷」の名もある。住宅は19世紀初頭（享保年間）の建築と考えられ、甲州民家独特の様式を持つ。平成8年7月に、井戸、石垣等を含む宅地とともに重要文化財の指定を受けた。

松永安夫氏提供。

松永安夫氏提供。

・木崎湖畔（長野県大町市）　平成14年5月

母の13回忌と長兄の法事を兼ねて、家族で車で魚津に帰省した。往路は池の平保養所で宿泊。妙高高原を散策、水芭蕉がきれいだった。帰路は仁科三湖のひとつ、木崎湖畔で昼食をとる。偶然近くにポンプ小屋があった。

婚約中だった息子夫婦と。

ポンプ小屋。

現役のポンプ。

■東北地方

・清川さん宅の庭畑（青森県八戸市）ほか

昭和33年、当時大学3年生であった私は夏期実習で、八戸市鮫町の運輸省第二港湾建設局八戸港工事事務所というところで2ヶ月間過ごした。後年、地域公団の八戸都市開発事務所に仕事上訪れる機会が何度かあり、なつかしいところでもある。

清川みさをさんは、この庭先のポンプが亡きご主人の思い出の品とか。台の据え付け、コンクリートの洗い場、排水管から桶もみんなご主人が造ったものだそうだ。私の要望で、久しぶりにポンプを漕いだと、なつかしそうだった。

平成5年7月
清川みさをさん。

平成5年7月
八戸市一番町二丁目、清川みさをさん宅と庭。

平成 13 年 6 月
八戸市一番町にて。

平成 5 年 7 月
八戸一番町、駅前通り。

平成 5 年 7 月
八戸市根城字丹後平にて。

平成 3 年 10 月
八戸市内丸、本八戸駅前の畑にて。

平成 5 年 7 月
八戸市一番町、清川与五郎氏宅にて。

平成 6 年 1 月
清川みさをさん宅の庭の冬景色。

・伝承園（岩手県遠野市）

平成3年10月

柳田国男の遠野物語で有名な岩手県遠野市を訪れた。4人で出かけたので各々駅前で、貸自転車を借りてお互い自由行動となった。秋晴れのもとでのサイクリングは最高の気分であった。河童の棲む川も訪れたが、なんとなく今も潜んでいそうな雰囲気のところであった。

伝承園の曲がり家は、人間と馬とが同居した民族学上貴重な歴史遺産で、重要文化財に指定されている。そのほかに、工芸館、喜善記念館、御蚕神（おしら）堂、乗り込長屋などを見学した。

伝承園のつるべ井戸。なつかしそうにのぞきこむ見学客。

畑の中のポンプの残骸。

井戸の脇にポンプがある。井戸と同じ水脈だ。

ポンプで汲みあげた水は、木製の樋を通って風呂場に導かれている。

窓の下に、にょきんと残された手押しポンプ。

・仙台市内（宮城県）ほか

平成２年９月
青葉区千代田町にて。

平成２年９月
青葉区三条町にて。

平成５年７月
北山二丁目輪王寺前にて。「前はこの位置だったけど、家の建替えのとき、今の位置に移したんですよ。」と指さすおばさん。

平成５年７月
仙台市北山２丁目にて。

平成５年７月
同上。

平成９年11月
仙台市長町にて。昭和 30 年代、私が学生の頃、ここにポンプがあった。

平成５年７月
仙台市北山２丁目にて。

平成６年５月
福島県会津若松市会津酒造歴史館にて。退役ポンプ。

■東海地方

・刑部家からの贈り物（静岡県浜松市）

刑部家は家内の姉の嫁ぎ先である。かねてからもう使われずにほったらかしのポンプの存在を知っていたので、何度か譲ってくれと繰り返していた。その甲斐あって、ついに義兄鼎さんの許可が出た。早速もらいに伺った。二人の娘がいた。義姉のみつえさんは「娘を嫁に出すような気持ちだ。」と言いながらポンプに別れを告げていたのを思い出す。

平成５年８月
撤去目前の刑部宅前のポンプ。

平成元年３月
見初めた頃のポンプ。浜松市馬郡にて。

平成５年８月
ポンプの撤去跡。

平成５年８月
ポンプの取りはずし作業中の筆者。金ノコでパイプの境を切る。

平成５年８月
刑部家の畑にある別のポンプ。

平成６年５月
私の家のベランダに落ちついたポンプ。

・前嶋義夫氏のコレクション（浜松市）ほか

浜松市の前嶋さんから電話がきた。是非コレクションを見に来て下さい、とのことだったので、何かのついでに出かけた。駅まで車で迎えに来ていただいた。前嶋氏宅に到着。ひゃあー、ポンプはほんの一部に過ぎない。何から何までがコレクションの山である。

一軒の家全部、廊下から天井までコレクションで満載。住まいは隣の別宅である。

「あいにく雨模様で外に出して展示はできませんが、せめてポンプだけでも・・・。」と撮ったのがその写真である。

平成 15 年 4 月
コレクションのポンプを控えて前嶋義夫氏。浜松市中沢町にて。

平成 5 年 8 月
浜松市馬郡松下敏市氏宅のポンプを漕ぐ義兄刑部鼎氏。

平成元年３月
下見板の外壁も郷愁をそそる。静岡県浜名郡新居町にて。

平成７年２月
浜松市松屋町にて。

平成５年８月
浜松市馬郡、刑部明志氏宅にて。

昭和 59 年３月
静岡県下田市、伊豆半島瓜木崎にて。

・浜名湖花博会場（浜松市）ほか

第21回全国都市緑化フェアは、平成16年4月8日（木）～10月11日（月）までの約半年間、静岡県浜松市櫛町の浜名湖ガーデンパークで開催された。テーマは花・緑・水の新たな暮らしの想像である。

この「浜名湖花博」は世界中の花を集め盛会のうちに終了した。

平成16年5月

庭の一画にたたずんむ手押しポンプ。甘なつの樹。

平成16年5月

把手を漕いで水が出ている間にすばやくシャッターを押す。忙しいネ。
高柳京子氏提供。（上の2枚）

前著「ポンプ随想」でエジプトのルクソールのアルキメデスのポンプの写真を載せたところ、横浜市港北区の時田元昭氏から、佐渡の金山の採取時の資料やたくさんのアルキメデスのポンプの資料を送っていただいた。これは大阪のキッズプラザに次いで私が見た2基目である。

平成 17 年 4 月
浜松科学館、アルキメデスのポンプ。

平成 17 年 4 月
浜松科学館、アルキメデスのポンプ。
遠方はアクトシティ浜松。

平成 16 年 5 月
高柳京子氏提供。

・氣賀関屋（静岡県引佐郡）　平成4年3月

引佐郡細江町氣賀の町は江戸の時代、天正15年（1587年）に街道の宿と定められ、慶長6年（1601年）徳川家康によって氣賀関所が創設されたといわれている。残存した本番所の一部は町の指定文化財である。平成元年にふるさと創生事業として、新しく氣賀関所が再建された。ある雑誌かなにかで「氣賀関屋のポンプ」として紹介されていたので、訪ねていった。今は個人の家の庭にあるようだ。

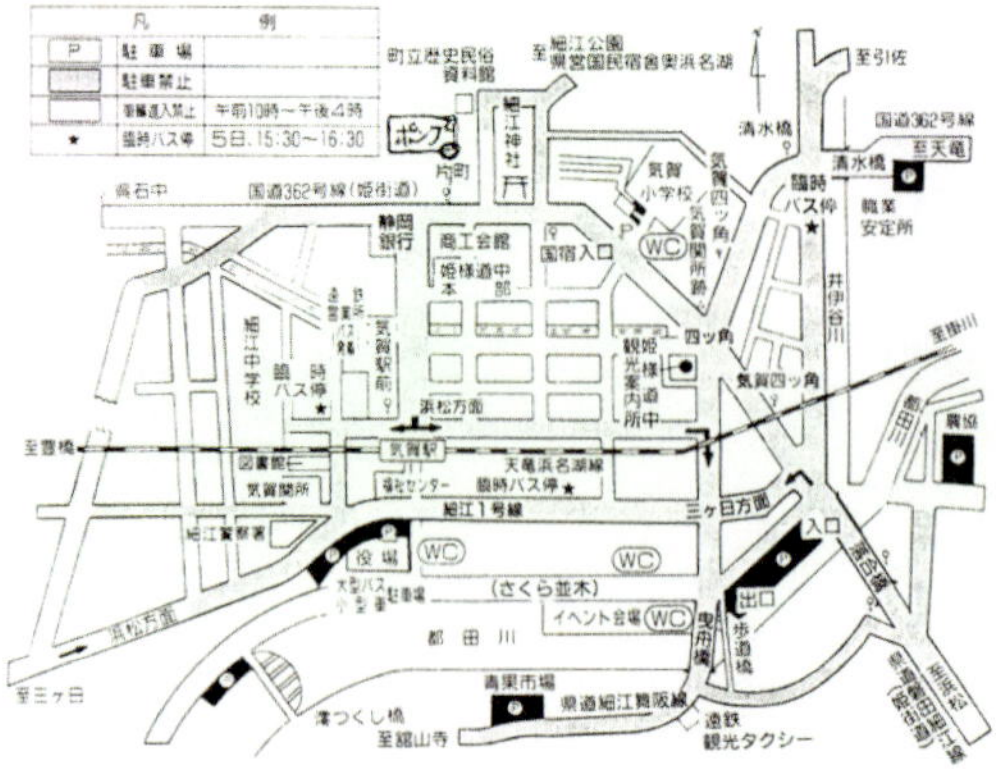

家族で「氣賀関屋のポンプ」を訪れる。家内、長男、次男。

まだ元気な現役のポンプ。

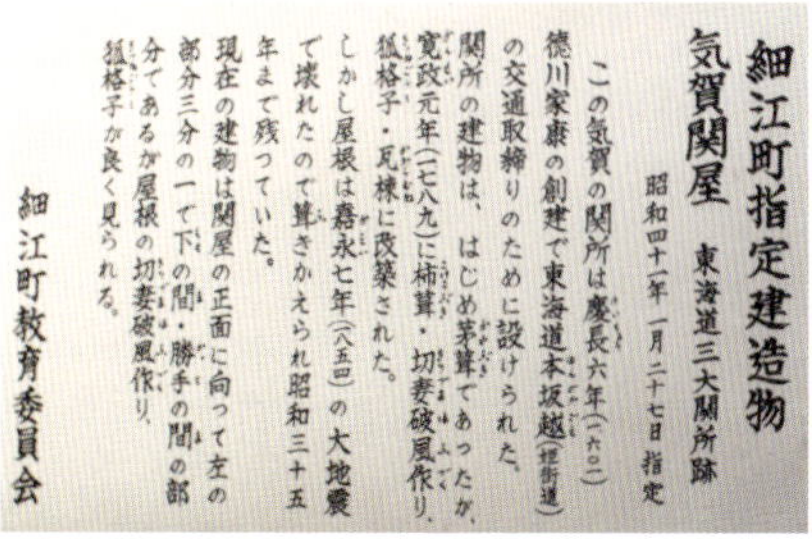

細江町指定建造物
気賀関屋
昭和四十一年一月二十七日指定
東海道三大関所跡
この気賀の関所は慶長六年(一六〇一)徳川家康の創建で東海道本坂越(姫街道)の交通取締りのために設けられた。
関所の建物は、はじめ茅葺であったが、寛政元年(一七八九)に柿葺・切妻破風作り、狐格子・瓦棟に改築された。
しかし屋根は嘉永七年(一八五四)の大地震で壊れたので葺きかえられ昭和三十五年まで残っていた。
現在の建物は関屋の正面に向って左の部分三分の一で下の間・勝手の間の部分であるが屋根の切妻破風作り、狐格子が良く見られる。
細江町教育委員会

総敷地五四七坪(一、八〇五㎡)。冠木門・本番所・向番所・牢屋・遠見番所・町木戸門など、ほぼ往時のままに再現しています。
本番所(全景)

氣賀関所、総敷地約1800 ㎡。

高校生くらいの息子さんが奥の家に入って行った。

・村井産業㈱訪問（名古屋市）　平成9年10月

村井産業株式会社、村井幸治さんは今も昔ながらのガッチャンポンプを製造販売されている数少ない経営者である。ある日氏から突然電話があった。拙著「ポンプ随想」を読んだという。その中にポンプ胴体の登録商標のマークの中に、たくさんあるうちから自分の会社のマークをみつけて嬉しかったとか。間もなく、「見るだけにして必ず返却してくださいよ。」とえらく念を押されて、ミニのポンプが送られてきた。創立50周年か60周年記念の限定品らしい（P. 170）。私がなかなか返却しないものだから業を煮やして「まぁ、仕方がない。特別あげるよ。」と相成った。御礼に名古屋まで出かけた。そのときの写真である。他に多くの資料をお貸しいただき、寿司までごちそうになり、心から感謝いたします。

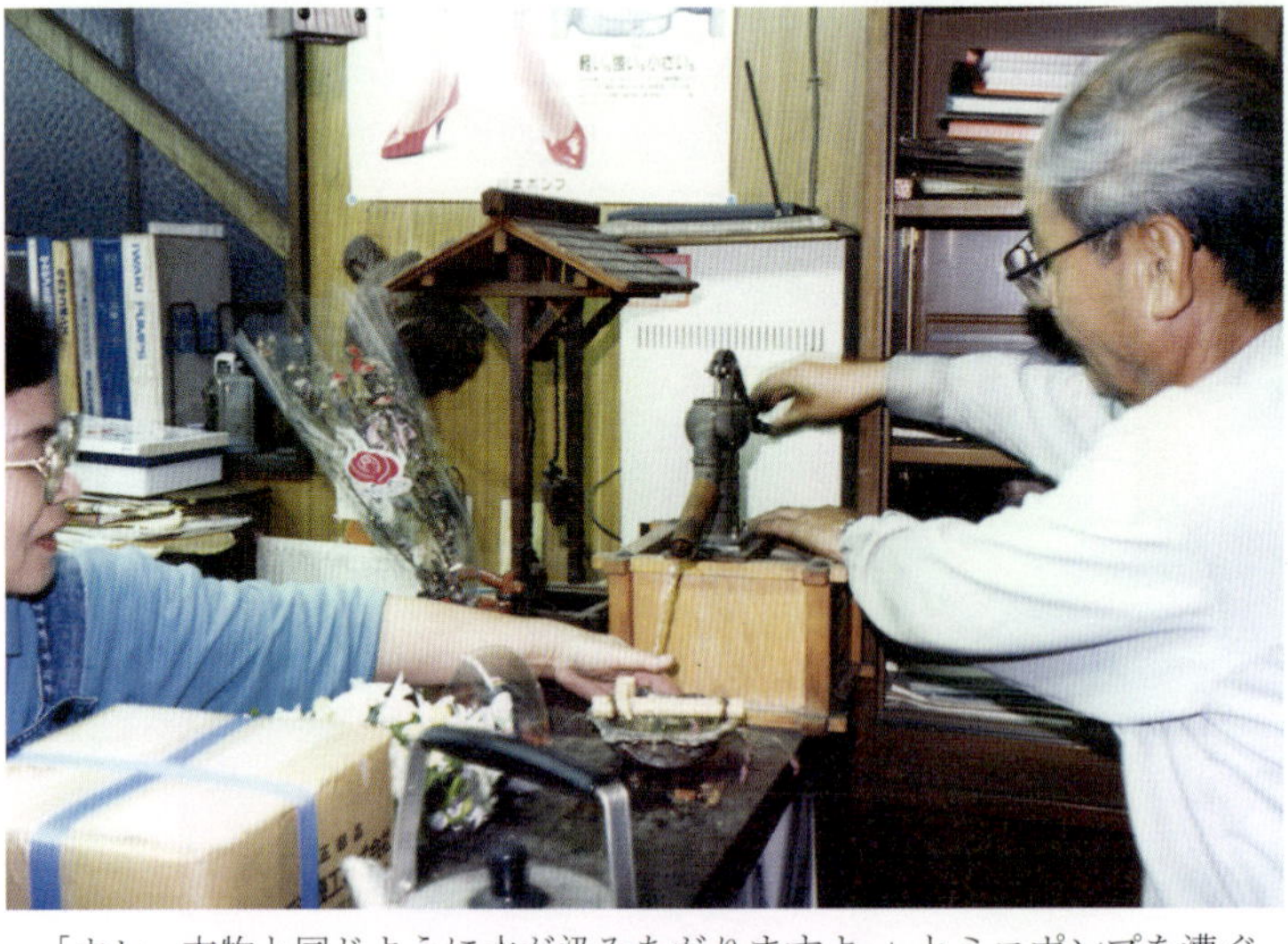

「ホレ、本物と同じように水が汲みあがりますよ。」とミニポンプを漕ぐ村井幸治氏と指をあてる奥さん。
（小生がいただいたのと同タイプ。P. 178）

目下製造中の手押しポンプ。
「大島さんは、ポンプを漕いでいるときの音をギーコ、ギーコと表現されているが、我々はガッチャンポンプと言っています。」と村井氏。

入り口付近の外壁にもポンプの絵が。

居宅の入り口にもポンプが。

「うわあー！壮観ですねえー。未だこんなに製造されているんですねえ。」

「カネヨ」マーク。
「横井式」より。

・高座結御子《たかくらむすびみこ》神社ほか（名古屋）

村井幸治さんから頂いた写真である。私が伺った日に偶然にも当神社で井戸枠の石の交換工事のため、水神様に対する神事が行われ、村井さんの案内で見学に伺った。熱田神宮の権祢宜、土山雅美氏を紹介された。残念ながら神事中の写真撮影は禁ぜられていた。

平成９年７月
取替え前のポンプと神子さん。

平成９年８月

平成９年10月
左の建物が井戸小屋。外の右方に井戸からひいている手押しポンプ。

平成９年８月
新設のポンプを漕ぐ村井夫人。

平成９年10月
名古屋市熱田区にて。熱田神社付近の民家のポンプ。

平成９年10月
右の写真のポンプの部分を写す。

・矢合観音（愛知県稲沢市）

これも村井産業株式会社。村井幸治社長から頂いた写真である。ここの井戸は自然の地下水である。滑車も残されてはいるが、手押しポンプが新しく交換された。看板には、保健所の指導によれば「生水はできるだけ沸かしてからお飲み下さい。」とのことです。当家。とある。

平成９年６月
車井戸の滑車。

平成９年６月
矢合観音の井戸小屋。前世代の滑車も見える。

平成9年6月

平成9年6月

自ら据え付けたポンプを漕ぐ村井幸治氏。

■関西地方

・梅田スカイビル「滝見小路」（大阪市梅田）　平成9年4月

JR新大阪駅中央北口を降りて徒歩十分足らずのところに新梅田シティー（梅田スカイビル）がある。東西のタワー39階には展望台やレストランもある。この手前の滝見小路入口から地下に入ると、大正末期から昭和初期のレトロな町並みを再現した、情緒ある飲食店街がある。その街角に井戸小屋がある。父娘らしきカップルがきて、懐かしそうに、水を汲み上げていた。ここにはいろんな飲食店のほか、クリーニング、理容・美容室から郵便局もある。

大阪市北区大淀中。梅田スカイビル（新梅田シティ）

梅田スカイビルガーデン5、地下食堂街「滝見小路」一角のポンプ。

井戸小屋の前にて、筆者。

レトロ街の一角の手押しポンプ。

・キッズプラザ大阪（大阪市北区）　平成11年1月

地下鉄堺筋線「扇町」駅、JR環状線「天満」駅の近くに財団法人・大阪市教育振興公社による子供のための博物館「キッズプラザ大阪」がある。各階それぞれに子供たち相手のアイデアが盛り込まれている。1階は「どんなもん階」、3階は「つくろう階」、4階は「遊ぼう階」、そして5階は「やってみる階」という具合である。この5階の一角にあるのが、「色々なポンプで水を汲み上げて大きなたるをひっくり返そう。」と銘うった「じゃぶじゃぶポンプ」である。4種類の原理の異なるポンプが設置されている。フランス製だそうだ。

四隅にそれぞれ原理の異なる4種類のポンプがある。（フランス製）

ハンドルを回転すると管の中のボールが連続して水を押し上げる仕掛け。

四隅から汲み上げたそれぞれの水は中央の青い樽に入り、いっぱいになるとひっくり返って循環する。

らせん状を利用した、アルキメデスのポンプ。把手を回す中林キヨ子さん。

大気圧利用のオーソドックスな手押しポンプ。

・宮川筋7丁目（京都市東山区）

弁慶と牛若丸で有名な京の五条の橋を渡ってちょっと歩いて左手の小路に入る。入口付近の外壁に面白いものを見つけた。壁にはめ込み式のミニ神社があった。雑誌か何かで紹介されていた東山区宮川筋七丁目という所である。看板、花壇、植木ポット、雨樋、ひさし、すだれ、そして手押しポンプとどれをとっても風情がある。京都五花街の一つである。ポンプは鴨川の伏流水を汲み上げ、道路散水、花への水やり等に利用されているようだ。

格子の入り口、外構と手押しポンプ。まだこんな風景もあるのだ。

この名代千枚漬けの店で漬物のお土産を買った。

江戸中期から後期にかけて、茶屋からか花街に発展。町並みは京都を代表する風景のひとつ。ちょっと電柱が気になるが。

この路地で見かけたポンプ。

同左。

・HAT神戸・灘の浜地区（神戸市灘区）　平成13年5月

HAT（Happy Active Town）は「神戸東部新都心地区」の愛称で、神戸市復興計画のシンボルプロジェクトとして、神戸市施行の土地区画整理事業を包括的に都市公団（現、都市再生機構）が受託し基盤整備をしたうえで、兵庫県、神戸市、公団及び民間事業者が一体となって、安全で快適なコミュニティ豊かな町づくりを行ったものである。（敷地面積約6.2ha住宅約一九〇〇戸）JR灘駅を降りて散策気分で歩く。もうこのへんはあの阪神淡路大震災の後遺症は見られなかった。団地内のところどころにポンプが設置されており、手押しポンプではなく手回しポンプであった。屋根に降った雨水を貯留して雑用水に使用するのである。

団地のセンター地区。はなの広場と灘の浜モール。

センター地区の水景施設。

この水は飲めません。長期間使用しなかった時は、呼び水を入れてから使用して下さい、とある。

豊かな水と緑。第 19 回緑の都市賞を受賞した。

■近畿・中国地方

・置き土産の井戸（島根県簸川郡）

　ＪＲ山陰本線出雲市駅からもう少し西へ行くと田儀という駅がある。私は昭和三十四年の夏休みの２ヶ月間をこの近くの口田儀という所で過ごした。石飛敬一、文江夫妻には大変お世話になった。もう半世紀近くになろうとしている。その間何回か機会を見て伺ったことがある。石飛氏宅の丁度真向かいの飯塚啓造さん宅の中庭に井戸ポンプがあるというので一緒に案内して頂いた。大正時代に山陰本線のトンネル工事に従事していた人たちが滞在していて、工事が竣工して帰る時に記念に井戸を掘って残していったそうである。水平掘削から垂直掘削に替えたわけだ。ポンプは後に戦後に取り付けたとのことであった。

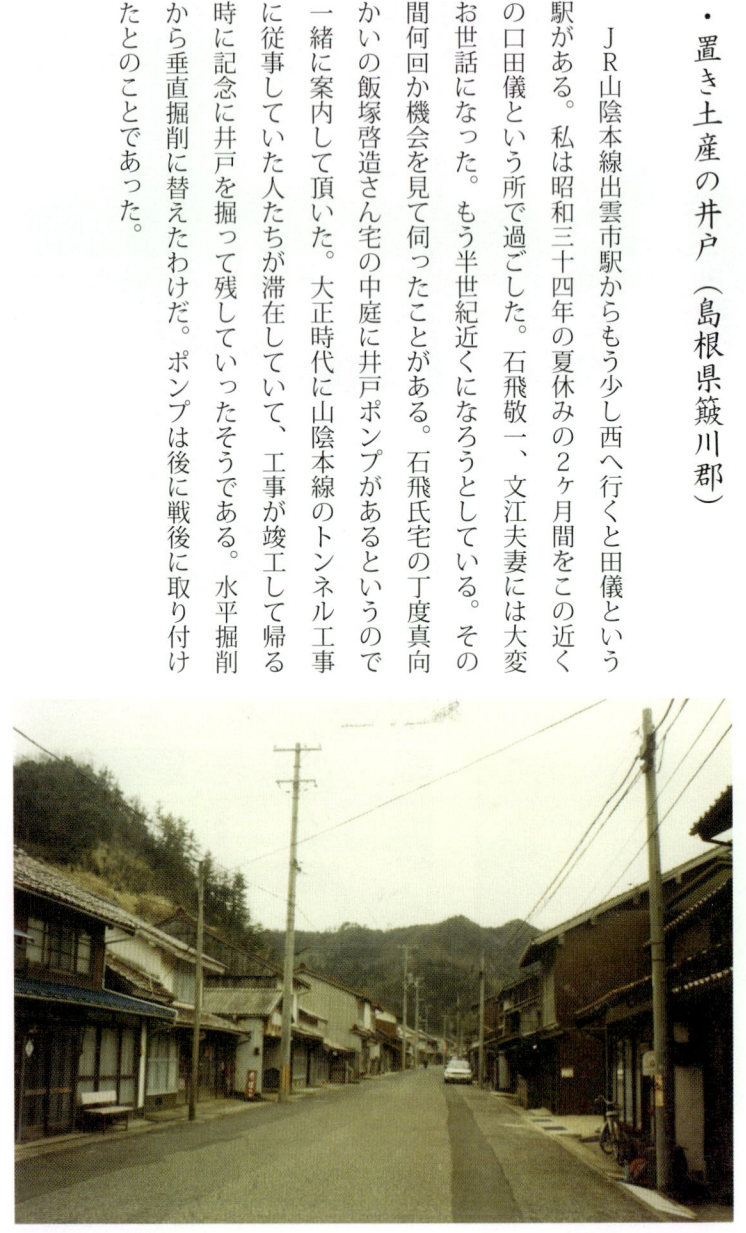

昭和 62 年 3 月

島根県簸川郡多伎町口田儀のまちなみ。
（右　石飛敬一氏宅、左　飯塚啓造氏宅）

平成5年3月

飯塚啓造氏宅の中庭にある井戸ポンプ。

平成5年3月

水位は高い。枠は珍しい石製である。

平成5年3月

飯塚氏宅のポンプを漕ぐ石飛敬一氏。

・桃太郎通り（岡山市）ほか

岡山地域づくり交流会では岡山市磨屋町、桃太郎大通りと国道五三号の柳川交差点の南西角に「ふるさとの道」づくりの一環として建設省（現、国土交通省）岡山国道工事事務所などと協力して昔懐かしい井戸ポンプを設置した。工事費は約１１０万円、周囲の緑地帯に植えた五穀や葉ボタンなどへの水やり用で利用して下さいとのこと。中山下の岡山中央郵便局前にも同様のポンプが設置された。

中国支社出張で広島に出かけた帰途、以前に地域振興整備公団に出向していたときの同僚であった志賀幸夫氏宅を訪問した。当時吉備高原都市開発事業に従事されていた。ポンプ設置場所、瀬戸大橋、閑谷学校などを案内していただいた。

平成７年７月
呼び水を入れ、ポンプを漕ぐ志賀幸夫氏。

平成７年７月
岡山県備前市閑谷学校の井戸。志賀千夏、汐美ちゃんと。

平成７年７月
桃太郎通り、柳川交差点の一角の手押しポンプ。

徳田直孝

平成 16 年 11 月購入
写真ハガキから。

平成 7 年 7 月
岡山県中央郵便局前のポンプ。

平成 7 年 7 月
岡山市中山下、中央郵便局前の歩道と緑地帯。

・興陽産業製作所（広島市）　平成8年6月

日本テレビの「ズームイン朝」は今も続いているが、その昔まだ福留功男アナの頃（平成6年9月）であった。「今も頑張る懐かしの製品」と題して五右衛門風呂、円いちゃぶ台、籐製の乳母車などとともに手押しポンプが紹介されていた。そのメーカーが広島市安佐北区にある興陽産業製作所である、社長の大崎達男氏に工場内を案内して頂いた。

完成品のポンプを点検する大崎達男氏。

広島市安佐北可部東、興陽産業製作所と周辺風景。

ポンプ組み立て製作現場。ただ今休憩中

少ないが、開放式（ガッチャン）
ポンプもある。

ポンプの組み立て部品。

・山陰のあるお寺ほか（津和野町、米子市、丹波篠山）

平成５年３月

一瞬目を疑った。ちょうど鯉のぼりの季節だったので、その旗竿かと思った。それが私が初めて見た、今も残る「はねつるべ」であった。

米子市曹洞宗大本山「総泉寺」にて。

平成５年３月
島根県津和野町、遍證寺境内にて。

平成５年３月
島根県津和野町鉄砲丁にて。

広島市中区寺町にて。
機関紙「安芸の道」より。

平成８年12月
兵庫県丹波篠山にて。大江光治氏提供。

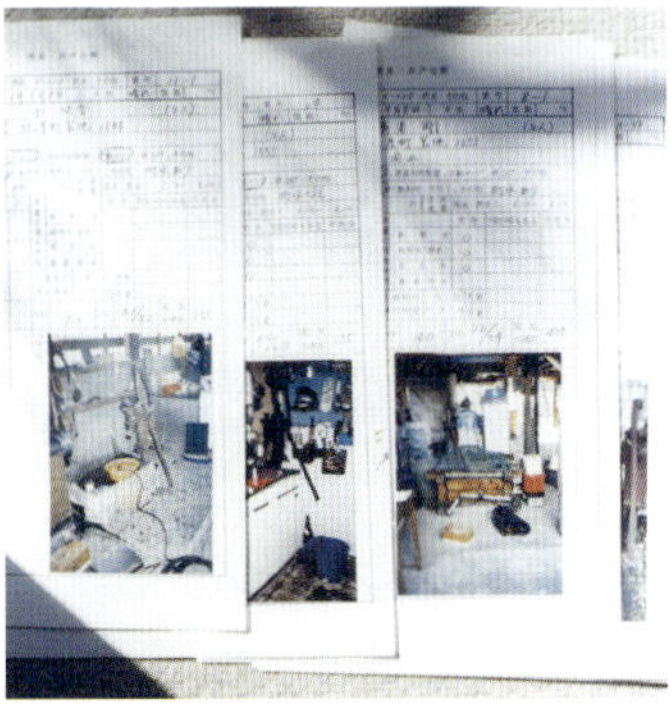

平成２年９月
岡山県高梁市地区の井戸調査台帳。㈱オリエンタルコンサルタンツ中国支社協力。

■四国・九州地方

・大博通りの「おポンプ様」（福岡市博多区）　平成7年11月

故事ことわざ事典によると「犬も歩けば棒にあたる」には、出しゃばるから禍にあう。また反対に出歩けば意外な幸せに会うこともあるの意とか。私の場合は勿論後者であった。

夜ホテルの近くを散歩していた。全く偶然にこのポンプに出会ったのである。予備知識も期待もなかった、大げさかもしれないが神のお導きであった。この5年後平成12年5月に再会したくてここを訪れたが、跡形も無かった。果たして現在の運命は？

福岡市博多区の大博通りで見かけた珍しいタイプの「おポンプ様」

由来の看板

おポンプ様

このポンプは本体に鋳型で彫り込められた文字から「二聯ケーボー號津田式」と判読される。この二聯式手押しポンプは第二次世界大戦前（昭和 17～18年）頃から昭和 27～28 年頃に全国的に愛用されていたポンプで、この 30 数年間全く製造されていないようで、当時のメーカーも今はない。単式のものは製品として残存するが、この二聯（常用漢字では「二連」）式は非常に珍しいものです。

通行人の方にシャッターを押してもらった、筆者。把手はついてなかったが意外に軽い。

由来の看板がある。（右頁参照）２人で向かい合って漕げる２連式の珍品だそうだ。

影もまた良し。

ベンチもあって粋な計らいである。

平成 11 年 7 月

珍品「二聯ケーボー號津田式」ポンプの雄姿。

・畑の片隅で（愛媛県北宇和郡）

かつては畑の水やりに活躍していただろう。今はその役目を終えて静かに余生を送っているようだ。

平成７年２月

松田信恵さん（旧姓　酒井）提供。

平成７年２月

同上。

■外国

・収集資料から

コマヤクワ地下水開発プロジェクト　ホンジュラス
和田勝義氏（日本工営）提供

資金不足に苦しむ途上国に、基礎生活整備のための資金を援助するの
無償資金協力事業です。途上国ではこれらの資金をもとに病院や学校、研
所等を建設したり、バスや農機具をはじめとする資機材を調達します。JIC
ではこの無償資金協力の実施に必要な調査等を行っています。

日本の無償資金援助で作られた井戸。
JICA ルワンダ

㈶国際開発救援財団（FIDR）
バングラデシュ

学校にある唯一の井戸
㈶オイスカ産業開発協力団
フィリピン イロイロ州

地方給水計画　フィリピン

難民の援助事業として（郵政省）

「地球のしあわせ」パンフより
日本国際ボランティアセンター

広い植林現場にある唯一の井戸
㈶オイスカ産業開発協力団
タイ・スリン県

緑の推進協力プロジェクト
青年海外協力隊。JICA セネガル

‘95 国際フェステバル
於、日比谷公園の際入手

「難民の子どもたち」より
国際連合難民高等弁務官事務所
（UNHCR）パキスタン

衛生環境の改善に大きな役割を果たす井戸を建設。（郵政省）
カンボジア

マウライ（アフリカ）
日本マウライ協会

井戸建設事業　インド
アジア協会アジアの会

国際ボランティア貯金。（郵政省）

・中国

鈴木了司氏は最近退任されたが、元高知医科大学寄生虫学教授医学博士である。弟さんが東北大土木の私の先輩であるが、大学関係で近づきになったわけではない。実はトイレである。氏は「トイレ学入門」や「寄生虫博士 トイレを語る」などを出版されている。中国のトイレの研究も深く、現地調査の際、飲料水も調査されている。そのときの貴重な井戸とポンプの調査成果を頂いたものである。今は久しぶりに生れ故郷の横浜に近い藤沢に住んでいらっしゃるという賀状を頂いた。

平成7年5月
中国 海南にて。竹藪の中の井戸という感じ。

平成7年5月
中国 広西牡族自治区にて

平成７年９月

中国 陝西省にて

平成８年９月

中国 河北省にて

上　１ヶ所の井戸にポンプが何個かついているようだ。こういう共同井戸の使い方もあるんですね。

下　井戸の管が枝分れしているところを見ると、今度は逆に一つのポンプで２ヶ所の井戸から汲み上げているのだろうか。

・台湾（礁渓郷徳陽区ほか）

台北の東南方に礁渓という温泉地がある。鉄道ではコの字型に遠回りするので2時間ぐらいかかる。昔の日本の田舎の風景を思い起させる。川にはフナのような魚が泳ぎ、田んぼにはたにしやたがめがいる。牛がのんびりと寝そべりその背中に白さぎがとまっている。なんとものどかな風景の中に集落がある。蒋介石とともに台湾に渡った国民党の退役軍人が余生を送っている。共同ポンプの脇の縁台に集まって故郷の思い出話でもしていたのだろう。そこへカメラを肩にしたうさんくさい日本人が来たものだから、蜘蛛の子を散らすように逃げられてしまった。日本語も彼らには通じないのだ。邪魔をしてしまった。これも後で知ったことである。ゴメンなさい。

平成２年５月
夕暮れ時の井戸端会議。ほとんどが老人。

平成２年５月
皆そそくさと家に入ってしまった。後に残された井戸ポンプ。

平成２年５月
どのポンプの胴体にも「正忠碑」のマークがあった。

平成 17 年 10 月
台北市郊外のある豪農の邸のポンプ。高安悦子さん提供。

平成２年５月
通路の中央に占めているからには共同井戸のようだ。

・カンボジア（シェムリアップ）

平成6年3月、私には全く突然に国際協力事業団（JICA現国際協力機構）の業務で三週間カンボジアという国へ出張することになった。アンコールおよびシェムリアップ地域総合開発計画の事前調査、基本計画協議等を行うものである。外務省、ＪＩＣＡ、コンサルタントで計5名から成る団員構成である。私は環境担当ということで、当該地域の生態系、水資源、地域条件等に留意し、業務実施にあたるということであった。したがってポンプの調査もれっきとした業務の一環であった。尚、社会インフラ担当はオリエンタルコンサルタンツ現社長広谷彰彦氏だった。

平成6年3月

アンコールワットに近いシェムリアップ州にて。
多く見られるタイプの井戸端。

シェムリアップ川沿い
の集落にて。
ベトナム製のポンプ

協議成立後の調印式。日本側戸田敦義団長とカン
ボジア側バンモリヴァン国務大臣が出席。テレビ
放映された。
左から３人目、団長の後が著者。広谷彰彦氏撮影

珍しいタイプ。
援助国が多いのでポンプも多種。

シェムリアップ国道６号線沿。
民家のポンプ。

民家のポンプ。

やや珍しい型の手押しポンプ。

・スリランカ（コロンボとその周辺）

カンボジアに続いてまたまたＪＩＣＡの業務でスリランカという国へ行った。セイロン茶でお馴染みの北海道よりやや小さい国だ。それなのに内紛があって北と東方は反政府軍「解放のトラ」が支配していて危ない。もっともコロンボでも沢山人が集まっているところでは自爆テロがよくあるとか。カンボジアもポルポト、地雷、マラリア蚊、猛暑と色々あったが…。そういえば最近スマトラ沖地震による津波で大被害を受けた。心からお見舞い申し上げます。

ところで今度はスリランカ国内の全国橋梁改修計画調査の事前調査である。橋梁改修の必要性といえば、塩害によるコンクリートの劣化、鉄筋の露出、幅員の不足、これは車輌の大型化や車線の不足などであり、これらの改修工事に伴う環境への影響評価などの業務である。橋梁調査がてら井戸、ポンプの調査も行ったものである。

平成６年12月

コロンボのやや北方のラグーンにて。民家の庭のポンプ。
コンクリート製で把手が木製のいかにも原始的。原理的なポンプ

移動式ポンプ。中国製。
コロンボ郊外

大使館での歓迎ディナー。
右から2人目が野口晏男全権大使。

平成5年9月
カツクルンダーネボダ付近の手押しポンプ。同行の森哲雄氏提供

昔の日本にもあったような･･･。

平成6年12月
移動式ポンプの持主宅を案内してくれたラトナ・ペレーラ氏。コロンボ郊外にて。

平成6年12月
コロンボ地方ラグーンにて。ポンプを漕ぐ民家の主人と見守る甲斐武雄氏

・ラオス（国道九号線、十三号線沿い）

ラオス国は東南アジアでもあまり目立たない国だ。メコン川流域の肥沃な地帯は農業国として恵まれた環境にあるのではないかと思う。私は行ったことがなく、これからもその機会は多分ないだろう。私が勤めていた㈱オリエンタルコンサルタンツの国際事業部はここでも業務を受託している。元同僚大野隆雄氏から写真をいただいた。

平成 11 年 3 月

国道 13 号沿いのある民家の庭の共同ポンプ。大野隆雄氏提供。

平成 11 年 3 月
タケクから国道 13 号をセノ方面に
約 90km にて。　大野隆雄氏提供

平成 11 年 3 月
国道 9 号沿い共同ポンプ。
大野隆雄氏提供

平成 11 年 3 月
ラオス国道 9 号線沿いの共同ポンプ。

・トルコ　平成7年9月

平成3年頃であった、私は立川の多摩都市モノレール株式会社に出向していた。近くの教会で牧師さんたちが交互に英会話を無料で教えているところがあるという噂を聞いて出かけた。「私はキリスト教徒ではないんですが、実家は真言宗です。」「いや、それは気にすることはありません。」ということで週に2回夜2時間出かけた。そのとき若い人たちの中に混じって一緒に勉強したのが猪石珙子さんである。当時から海外旅行にはよく行かれていたようだ。その数年後「トルコに行ってきました、ポンプの写真を撮ってきましたよ。」という電話を頂き、その時もらった写真である。尚、猪石さんにはその後布製のポンプ絵の手工芸品をつくって頂いた。(P. 182)

「バスを降りる直前にポンプを見つけたので、降りてすぐカメラをかかえて走ったら、みんなが猪石さんこっちこっちって呼んだんですよ。ハハハ…」猪石さん談。綿畠が一面に広がり、女性や子供が綿つみをしている農家。

トロイからベルガマに向かう途中、穏やかな丘陵地帯に羊の群が見える。次に綿花畑が広がり、ポツポツと農家もある。丁度女性と子供たちだけで綿つみをしていた。その農家の一隅に1台のポンプを見つけました。（猪石珙子氏書）

・オーストリア、チェコ、ドイツ

今年（平成17年）1月、初めて東欧を旅行した。

ウィーン郊外、シューベルトが
「ぼだい樹」を作曲したところ
長沢隆氏提供

平成17年1月
シューベルト・シュテーテ。
シンボルの井戸。柱の陰にシューベルトの像が坐っている。

平成17年1月
シューベルト・シュテーテにて。
巨大な井戸ポンプとぼだい樹を背景に。著者夫婦。

平成13年
チェコプラハ郊外、世界遺産の村「ホラソビッツェ」にて。
山崎慶一氏。同氏提供。

平成 7 年 10 月
チェコ　プラーハ郊外の農家改造のあるレストランにて。　森哲雄氏提供。

平成 7 年 10 月
ウィーン　モーツァルト博物館にて。森哲雄氏提供。

平成 10 年 7 月
右上に同じ。　森哲雄氏提供。

平成 5 年
オーストリア　ベルンシュタインを見下ろす峠の休憩所にある手押しポンプ。山崎慶一氏提供。

ある雑誌から。ドイツ　レッチンゲンにて。優雅なスタイルのポンプ。

・オランダ・ベルギー

家内がベネルックス三カ国へ旅行に行くという。私も一緒かと思ったら友達と一緒のほうが良いと。私は留守番である。「ポンプとな。それとブリュッセルの小便小僧の写真を忘れないように！」と念を押す。これは家内（大島よし子）撮影の写真である。ポンプそのものがストリートファニチュアという感じである。

平成 12 年 3 月
オランダ ユトレヒト市 オルゴール美術館裏にて。なんと豪勢な！

下. 外壁に貼り付けてあるような感じのポンプ。「もっと近くで撮ればいいのに。」
「慌しく通り過ぎただけ。そんな余裕はなかった。」「そうか。残念だなぁー。」
ベルギー ブルージュのある家。（左の写真とつなぎ写真） 平成 12 年 3 月

平成 12 年 3 月
ベルギー ブルージュにて。

平成 12 年 3 月
ベルギー ブルージュ市内。
ムール貝料理の店の階段下にて。

・イギリス

西浅草の手芸店「布もと」の店主・佐野貞子さんの紹介で高安悦子さんが拙宅のコレクションを見に訪問された。西瓜ばかりでなく、井戸、ポンプ、如雨露などもたっぷり見ていただいた。「今度イギリスへ旅行します。ガーデニングが盛んなところだから、ポンプも見つかるかも・・・」「そうですか。わたしはイギリスへは行ったことがないけど、昨年正月にイギリスと同じようにガーデニングが盛んだというニュージーランドへ行ったけど、ポンプがある庭は全く見かけなかったですねぇ。」と話していた。その後、旅行から帰った高安さんから素晴らしい、貴重なポンプの写真をコメント付きでいただいた。

デラックスポットポンプ。ジャービス商事株式会社パンフ「英国散歩」より。

平成 17 年 4 月

コッツウォルズ地方。ボートン・オン・ザ・ウォーターの個人宅の庭。観光客（日本人）が庭を覗くのがあまり好きでないらしく、垣根を増やしたがそれでも覗かれるとか。（ニュージーランドでは個人宅の庭の見学コースがあったけど・・・筆者）高安悦子氏提供。

平成 17 年 4 月
ピーターラビットの作者ビアトリクス・ポッターが住んでいたヒルトップの自宅隣の農家の庭先。このポンプが登場する作品もあるらしい。個人宅なので垣根の隙間から運良くかつ苦労して撮ったものだそうです。英国湖水地方。高安悦子氏提供。

・カナダほか

P.94 で紹介した根本健一氏は仕事柄カナダのキャンプ場を視察された。そのときの各地の現場で写された写真をいただいたものである。

平成 14 年 8 月

上　回転ハンドル式のポンプ。中南米ニカラグアにて。
久保谷伸博氏（オリエンタルコンサルタンツ）提供。

右　カナダ。レイクルイーズキャンプグラウンドにて。
根本健一氏提供。

平成 7 年 6 月

平成７年６月
カナダ。ジャスパーのキャンプグラウンドにて。根本健一氏提供。

平成７年６月
カナダ。カルガリー。ヘリテージパーク。ある学校の校庭にて。
根本健一氏提供。

平成７年６月
同左上．キャンプグラウンド。根本健一氏提供。

■グッズ・コレクション

・実用ポンプ

最もオーソドックスな開放式タイプで通称ガッチャンポンプと言われているらしい。手前が口径32、奥が口径35。

中国製。水が循環式のエクステリア。

現在も見かけられる密閉式ポンプ。

骨董フェアで手に入れたもの。これは何に使われていたのだろう？ どなたかご存知の方は教えてください。右端の蛇口みたいなものは筆者取付け。

欧州風のタイプだが、生産国は中国か。

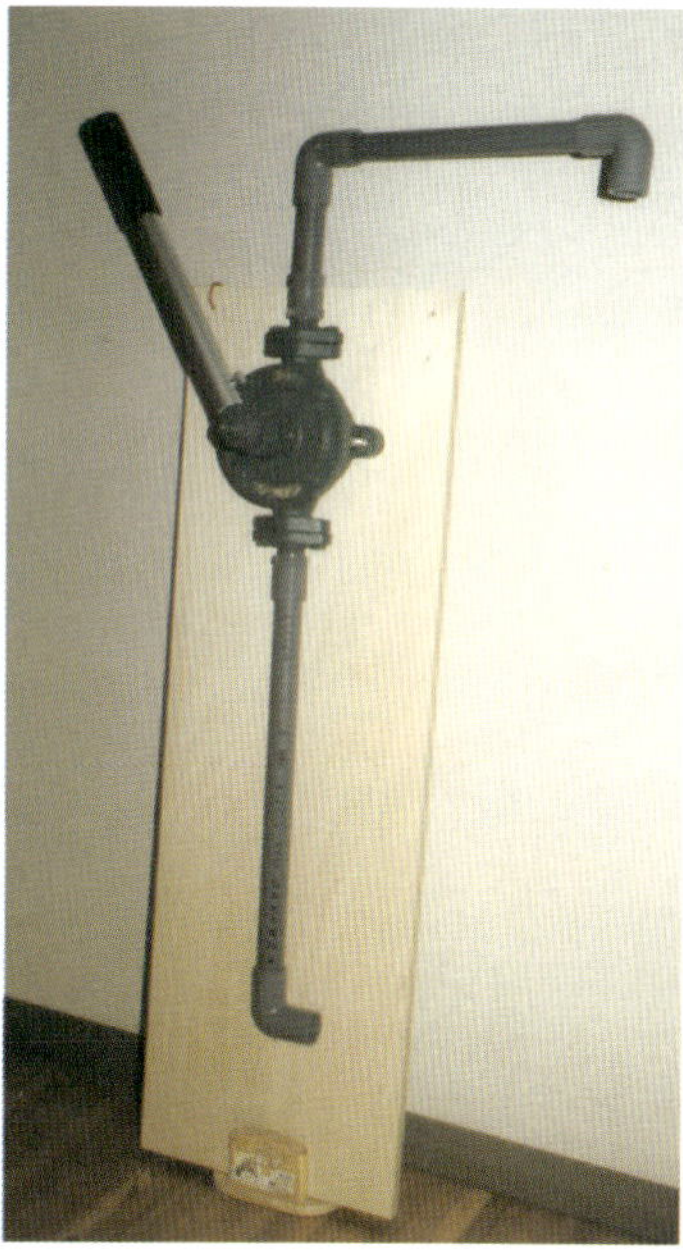

新品のウイングポンプ。

把手の支点とポンプ本体が別れている。大正時代のものらしい。

・アンティークポンプ（骨董）

横浜アリーナでの骨董市に出かけた。はじめて見かけるポンプであった。気軽に「いくらですか？」と問うと「一五万円です。」「ひえっ！」「なかなか出ないものですよ。これはけやき製で、米沢藩（山形県）の旧家にあったものです。」ということで思い切って買ってしまった。今は玄関に飾って毎日磨いている。

↑↓けやき製のポンプ。

同右。ほとんどが木製、胴体は銅板か。地中へのパイプはなんと竹である。

新潟県で発掘。焼印には「製造修繕、桑原ポンプ店、地蔵堂町」とある。

鍛冶屋さんが丹念につくりあげたと言う感じ。鉄製。胴体と吐出口が銅板のようだ。

静岡県掛川市で発掘。サンドルを組んで井戸枠の気分。
漕いでいるのは露木佳恵さん。

・模型ポンプ

(a) 金属加工

中国製、ブリキの玩具。

平成17年1月
シルエット。川口喜久雄氏作。

アトリエルートスリー（$\sqrt{3}$）、中山信一氏作、銅製。

村井幸治氏（名古屋市 村井産業㈱）からの贈り物。

同上。

右と同時併行製作。

ラバーキャスト広田武政氏の作品。錫製。

ウェルカムボード。

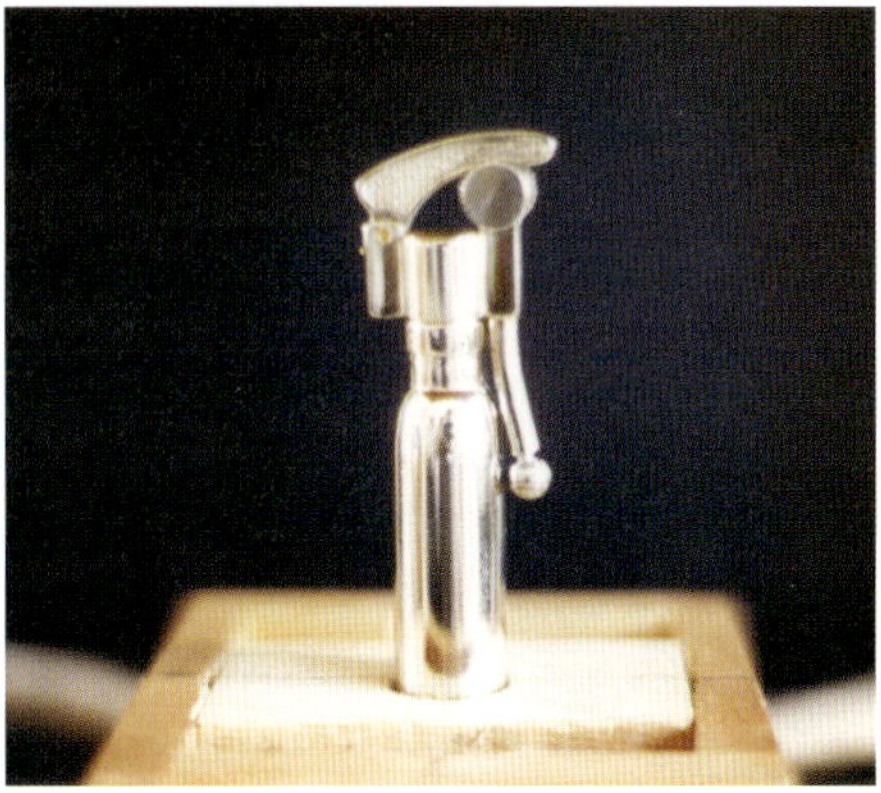

ポンプ型ライター。

右の一部拡大。

裏庭のセット模型。

ちょうどまないたを削って造ったようなレリーフ。藤原良二氏作

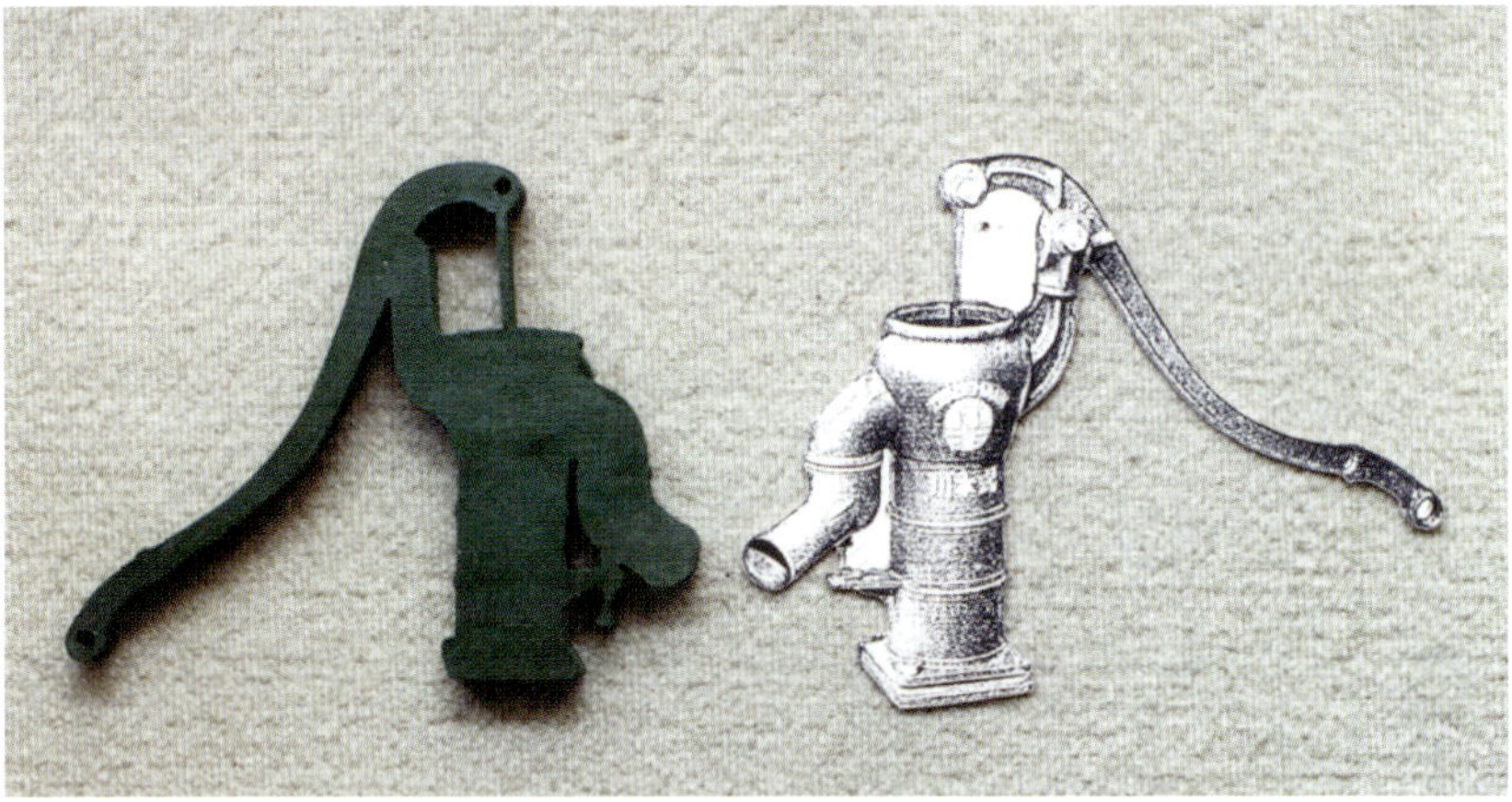

新宿東急ハンズにて。右は銅板製。

息子、大島貴晴作。

新宿東急ハンズにて加工。木製。

従姉妹の大島裕子氏画の扇子。
竹藪の中のポンプ。

(c) 石材、タイル加工

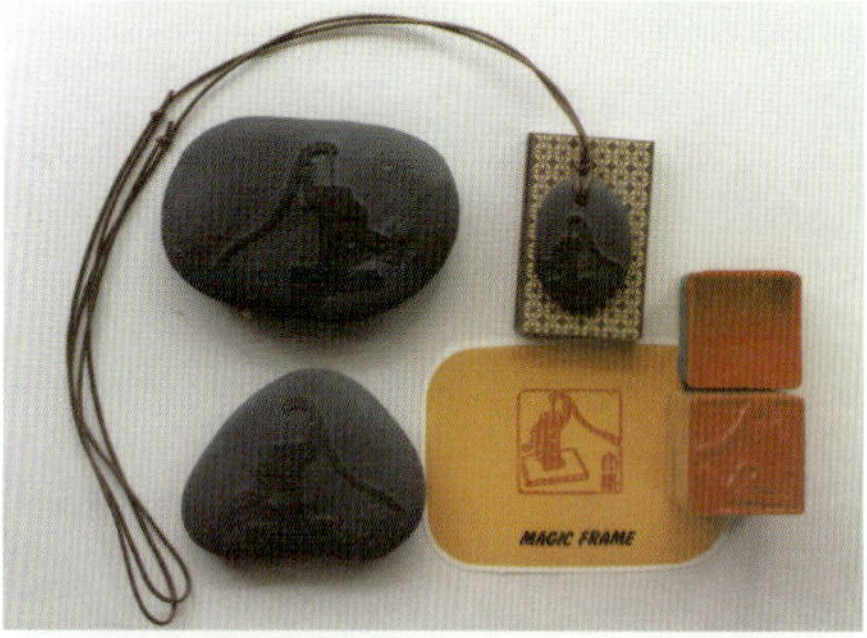

ポンプのタイル画ブローチ。
土屋誠一氏作。

大井川の石でネックレス。
土屋誠一氏作。

飾り額を付けて 10,000 円也。土屋誠一氏作。

同上。

これは各 3,000 円也。

高校の同級生、荒木栞氏作のてん刻。

同左。ポンプの図象印。

(d) 陶磁器、焼き物

製作中の陶製ポンプ。製作者は、いとこの娘さん米本和子氏。

右は㈱メガハウスのニッポンのおもいで（望郷篇）全五種からのひとつ。
（左 37mm、右 40mm）

同上。完成した陶製井戸ポンプ。

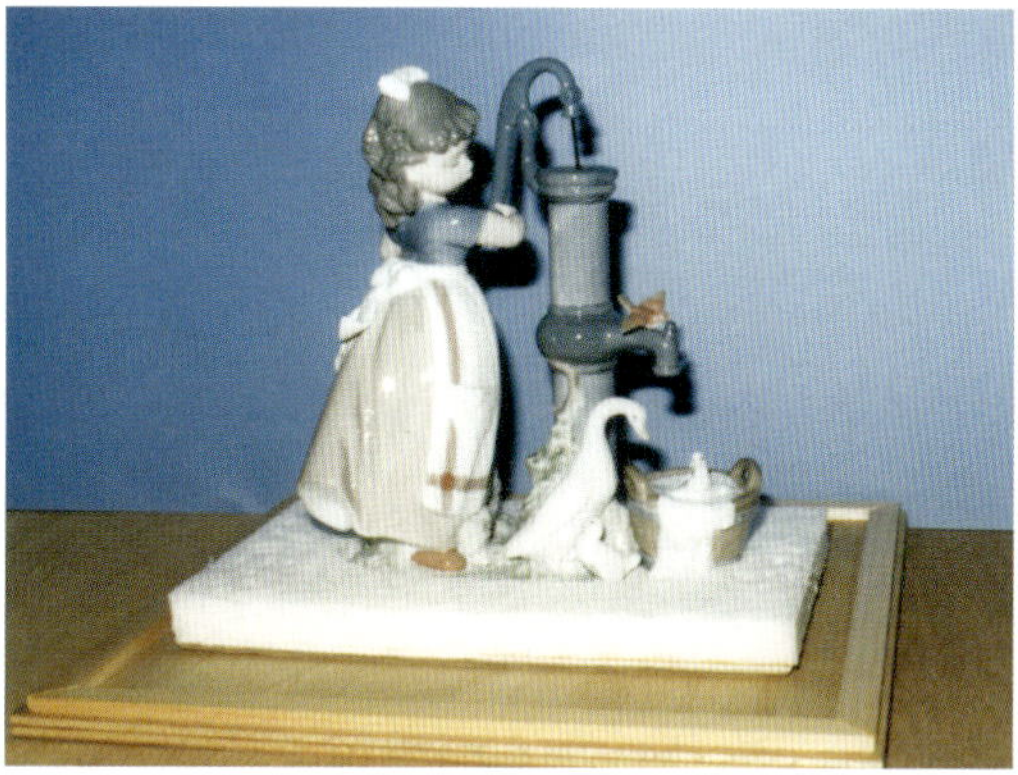

有名なリヤドロ（スペイン）のデザインによる「農場の夏」という作品である。
これより小型のものもあるようだが、これは高さ24cm。

ミニ庭園インテリア。たらいに西瓜。
水は循環する。

なつかし屋（薬師 窯）のインテリアセット「井戸とぶち猫」より。

ポンプの下にモーターがあり、水が循環するようになっている。中国製。

(e) 樹脂、プラスチック、布、皮革等

お孫さんの雑誌の付録だったとか。
芦村和代さん寄贈。

中国製のプラスチック玩具。
砂場遊び用か。海野典子さん寄贈。

ウィスキーの瓶。ポンプ汲み上げ装置付。
ヨーロッパ製。右はフランス製 1920 年代。

グラス絵。(高さ 107mm)
金子政江氏作。

皮製ネックレスとキーホルダー。
小島厚子氏作。

皮革製のブローチ。小島厚子氏作。

3 点セット（ポンプ、西瓜、じょうろ）
の絵の前で。筆者。

布製、ポンプ、西瓜、じょうろの 3
点セットネクタイ。森口茂子氏作。

エッグアート（がちょうの卵の殻）
片野美智子氏作。

・手工芸（絵画・彫刻・刺繍・貼り絵・パッチワーク等）

谷井建三君は魚津高校の同級生で、船の絵を専門とする画家である。日本船舶協会には笹川良一氏の注文で描いた彼の船の絵が沢山ある。「日本の船を復元する」「船が出来るまで、豪華客船（ふじ丸）」などを出版している。「たまには船の絵ばかりじゃなくポンプの絵でも…。」といって描いてもらったのがこの二枚である。「故郷の立山連峰が背景でな、北陸本線にSLが走っていて、黒部川の右岸側に入膳の黒部スイカ畑があるんだ。夫妻で畑仕事をしていてな、ポンプで汲み上げた水をじょうろで水やりをしている絵だ。なるべく安く頼むよ。」（下の絵）

「農家の庭先」　谷井建三氏画

ポンプと西瓜と如雨露（じょうろ）の三点セットの絵。（51cm×35cm）
谷井健三氏画

和紙絵「故郷の冬支度」　(53cm×41cm)　高瀬敦子氏画

（社）日本和紙絵画芸術協会会員、高瀬敦子（旧姓　朝野）さんも高校いやその前の魚津東部中学からの同級生である。谷井氏は生まれながらというか小学生の頃から既に絵描きであったが、彼女は絵を始めたのはごく最近である。ほかに忙しいことがあって才能が隠れていたらしい。毎年上野の東京都美術館の展覧会ではその素晴らしい作品を見てきた。ポンプおたくの私のためにこっそり？描いてくれたのがこの「故郷の冬支度」である。

平成 13 年 11 月
第 16 回日本和紙絵画展
東京都美術館にて。富山湾のほたるいかを描いた「有機海幻想」高瀬敦子氏画。

「長屋門公園」　和泉澤四郎氏画

入院を控えて、急いでわざわざ作っていただいた。(52cm×47cm)
猪石珙子氏作

井戸端会議。公団時代の同僚、松井信彦氏画。

西田ひかるの CM から模写。作者？

第 51 回　日本画院展より「冬枯れ」
（複写）　佐原美智子氏画

上の絵と構図を合わせた刺繍。
森美智子氏作

横浜市元町通りで求めた。イタリアから輸入したものらしい。

中央区佃１丁目
桐谷逸夫氏画

台東区池の端４丁目
杉山八郎氏画

※ これらの写真は、雑誌、書籍、色紙。パンフレット等から引用した複製品である。

台東区谷中１丁目
桐谷逸夫氏画

「大正風俗スケッチ東京あれこれ」より
竹内重雄氏画

同上。

「ふるさとの四季」
藤田三歩氏画

シャドーボックス　樋高某氏作

文京区本郷 5 丁目
桐谷逸夫氏画

中央区佃 1 丁目
杉山八郎氏画

台東区池の端 4 丁目　桐谷逸夫氏画

文京区本郷 4 丁目
杉山八郎氏画

・映画、テレビCM等

テレビ朝日平成10年1月
「静かな緊急事態モーリタニア報告」より黒柳徹子。

フジテレビ平成9年5月。
「感動エクスプレス、キューバ熱球紀行」より柴俊夫と地元少年。

生茶のCMより。平成15年4月

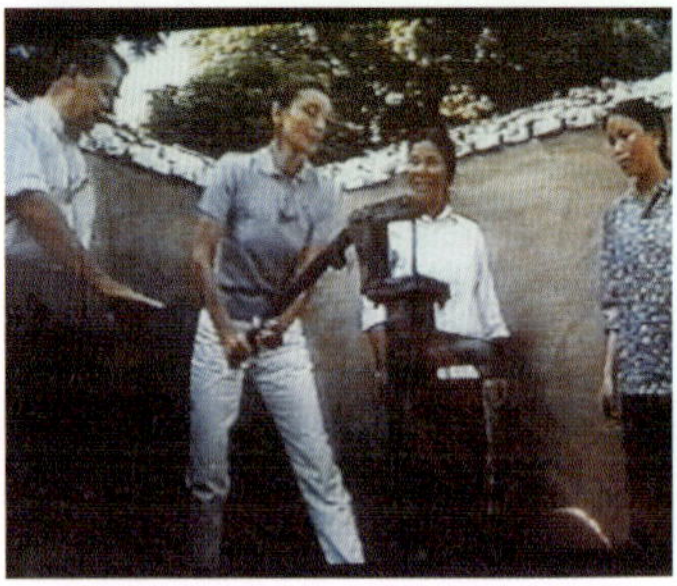

日本テレビ「知ってるつもり」よりオードリーヘップバーン。

映画「騎兵隊」(1959年米) よりウィリアム・ホールデン。

映画「ビッグトレイル」(1930年米) よりジョン・ウェイン。

映画「奇跡の人」(ヘレンケラー物語) より。有名なシーン。

平成17年8月
チョーヤ梅酒のCMより。

NHK 総合　平成 12 年 5 月
「地球に乾杯。走れ、クジラの歌号・西オーストラリア海原の一家」より。

平成 2 年 5 月
「凛凛と」より。私の故郷魚津市を舞台にした NHK ドラマ。田中実。

ある雑誌の表紙写真より。
村井幸治氏提供。

映画「拝啓天皇陛下様」より。
渥美清、高千穂ひづる。

NHK「ダーシャ・テューダ　四季の庭」より。アメリカ、バーモント州。

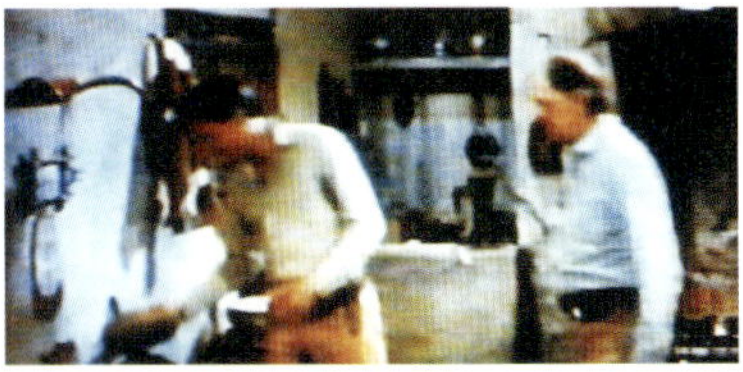

映画「燃える平原児」より。
左がエルビスプレスリー。

韓流ドラマ「遠い路」より。
イ・ビョンホン。

・催場、書物等

横浜市瀬谷区 長屋門公園。
鈴木清明撮影。

平成 12 年 12 月
千代田区九段北「昭和館」にて。

平成 12 年 2 月
江戸東京博物館「昭和のこども展」
石井美千子氏作品。

平成 17 年 5 月
葛飾区。郷土と天文の博物館にて。

平成 12 年 1 月
東急ハンズ新宿店 6 階にて。

平成 12 年 5 月
池袋東武デパート「サライコーナー」にて。

「台所用具の近代史」より。山形県酒田市。
菊池俊吉氏撮影。

「逢いたい」より石原裕次郎と
北原三枝。

「日本生活図引」弘文堂より。
福島県郡山市。須藤功氏撮影。

同上。石原まき子著。同書の表紙。

平成7年7月
砲弾ポンプ「サライ」
林丈二氏。

昭和32年4月
下町風景。出所不明。

平成 15 年 12 月
みちのく公園「津軽の家」の井戸ポンプ。宮城県柴田郡川崎町にて。

平成 17 年 5 月
大田区南久が原「昭和くらしの博物館」にて。館長、小泉和子氏旧宅に移設されたポンプ。

同右。

「サライ」より。　　　平成 5 年 1 月

平成 14 年 4 月
台東区「下町風俗資料館」にて。

平成 17 年 6 月
愛知万博（愛・地球博）会場にて。復元された映画「となりのトトロ」の家の台所（左）と庭（右）のポンプ。「いきいき」より。

平成 8 年 5 月
東京都稲城市。JR 矢の口駅前にて。

昭和 60 年 3 月
筑波国際科学技術博覧会会場にて。(Expo’85)

・井戸（跡）

平成５年３月
東京都調布市京王百花苑にて。

平成15年３月
東京都青梅市、吉川英治記念館にて。

平成３年３月
茨城県水戸市偕楽園にて。

平成７年７月
岡山県倉敷市の代官所にて。

平成５年３月
兵庫県姫路市姫路城にて。

平成6年5月
長野県南木曽郡妻籠宿、奥谷郷土館にて。

平成12年5月
東京都五日市市、黒茶屋にて。

平成15年12月
宮城県柴田郡、みちのく公園にて。
はねつるべ井戸。

平成元年6月
東京ディズニーランドにて。

平成5年11月
栃木県日光市、日光江戸村にて。

平成 5 年 3 月
兵庫県姫路城の「お菊井戸」。

平成 12 年 4 月
宮城県、深山山麓小年の森公園にて。遠藤茂子氏提供。

平成 9 年 4 月
宇都宮市「二荒山神社」の「明神の井戸」。

昭和 63 年 3 月
水戸市偕楽園「好文亭」前にて。

平成 10 年 3 月
川崎市多摩区民家園にて。

平成 5 年 11 月
栃木県日光市「日光江戸村」にて「血の井戸」。

平成 17 年 10 月
馬籠宿 藤村記念館。

平成 12 年 5 月
秋田県角館町「武家屋敷」にて。
大島裕子氏提供。

元建設省審議官、和田祐之氏が地域公団の理事のとき、ご一緒に仕事をしたことがある。その後地域振興会（地域公団ＯＢ会）で何度かお逢いし、小生がポンプや井戸に興味があることを話したらしい。あるとき突然に武蔵野の古井戸の写真を送りますということでご丁寧なお手紙、写真と説明資料を頂いた。以下の「堀兼の井」「まいまいず井戸」そして「七曲の井」の大部分が和田氏から頂いたものである。

狭山市「堀兼神社」「堀兼の井」。

正三位、清原宣明の名がある。

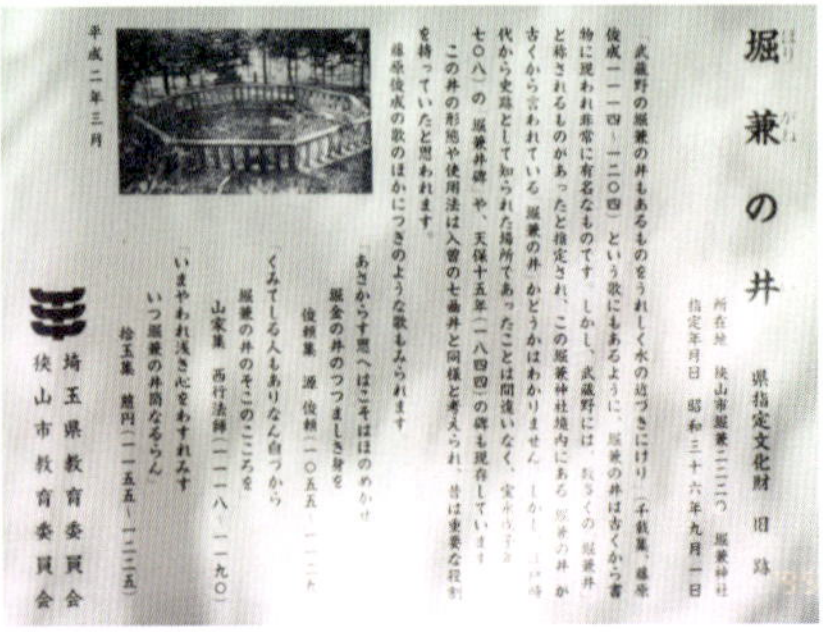
堀《ほり》兼《かね》の井　県指定文化財　旧跡

所在地　狭山市堀兼二二二〇　堀兼神社
指定年月日　昭和三十六年九月一日

「武蔵野の堀兼の井もあるものをうれしく水の近づきにけり」（千載集、藤原俊成一一一四～一二〇四）という歌にもあるように、堀兼の井は古くから書物に現われ非常に有名なものです。しかし、武蔵野には、数多くの「堀兼井」と称されるものがあったと推定され、この堀兼神社境内にある「堀兼の井」が古くから言われている「堀兼の井」かどうかはわかりません。しかし、江戸時代から史跡として知られた場所であったことは間違いなく、宝永五年（一七〇八）の「堀兼井碑」や、天保十五年（一八四四）の碑も現存しています。

この井の形態や使用法は入間の七曲井と同様と考えられ、昔は重要な役割を持っていたと思われます。

藤原俊成の歌のほかにつぎのような歌もみられます

「あさからず思へばこそはほのめかせ
堀金の井のつつましき身を」
俊頼集　源俊頼（一〇五五～一一二九）

「くみてしる人もありなん自づから
堀兼の井のそこのこころを」
山家集　西行法師（一一一八～一一九〇）

「いまやわれ浅き心をわすれみす
いつ堀兼の井筒なるらん」
拾玉集　慈円（一一五五～一二二五）

平成二年三月

埼玉県教育委員会
狭山市教育委員会

埼玉県狭山市「堀兼の井」由来名板。

太平記等によれば、元弘三（1333）年、新田義貞は現在の群馬県太田市の新田生品明神で兵を挙げ、鎌倉幕府打倒を目指して出陣した。小手指ヶ原、久米川の戦いを経て5月15日武蔵府中の分倍河原での激戦を迎えた。北条泰家軍の激しい抵抗に遭い、一旦はこの堀兼神社まで退却を余儀なくされたのである。しかし、翌16日早暁、援軍を得て再び分倍河原の幕府軍に攻め入り勝利した。このあと大軍勢となった新田軍は、3手に別れて鎌倉に向かって進軍し、ついに鎌倉幕府を滅ぼしたのである。

堀兼神社随身門。

堀兼神社境内。

平成7年9月

堀兼の井。

水を得る最も簡単な方法は川である。井は川の中に石や木を囲んで作られ、このような井のある川は井川とか井戸川とも呼ばれていた。しかし、川や池や沼や湖がどこにでも手近にあるわけではない、人が増えたり水に恵まれないところではどうしても地下水を利用せざるを得ない、そこで井戸が生まれた。まずは山や丘の腹に横穴を掘って地下水を採る横井がつくられた。地下に穴を掘って井水が沸くところ（被圧地下水の高いところ）は良いが、どうしても深く掘る必要がある時は、地を広く掘って階段をつくりそこを降りた所にあらためて掘り井戸を掘った、降り井という。その階がぐるぐるまわっているとき外観がかたつむりの殻に似ていることからまいまいず井とかつぶら井といった。

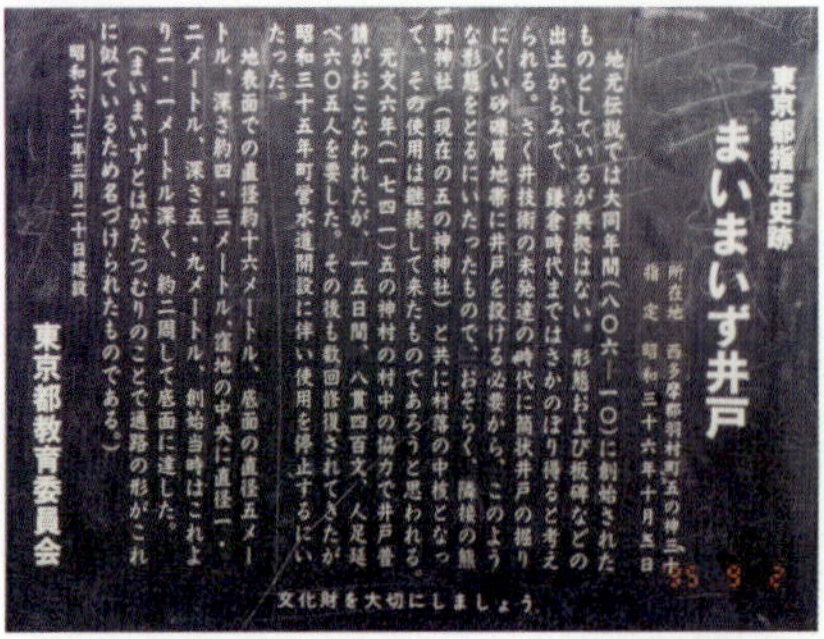

平成７年９月

東京都羽村市「まいまいず井戸」。

平成7年9月

＊まいまいずの井（1）　東京都羽村市羽村駅前（五ノ神神社境内）
現代のような垂直な側壁を持つ井戸掘り技術のできる前の原始的な技術によるすり鉢型井戸の典型。底まで螺旋状に下りて行くのでマイマイズ（かたつむり）の井といわれる。保存状態は良い。

＊まいまいずの井（2）　東京都青梅市新町（大井戸公園内）
御岳神社の前の公園内にあり神社と何等かの関係があるか。現状は工事用のトタン塀で囲まれており、土嚢で補強された状況にあり、修復工事中なのか良好な保存状態とはいえない。

時期不明
保存工事中か。

降り井の底部の堀り井。

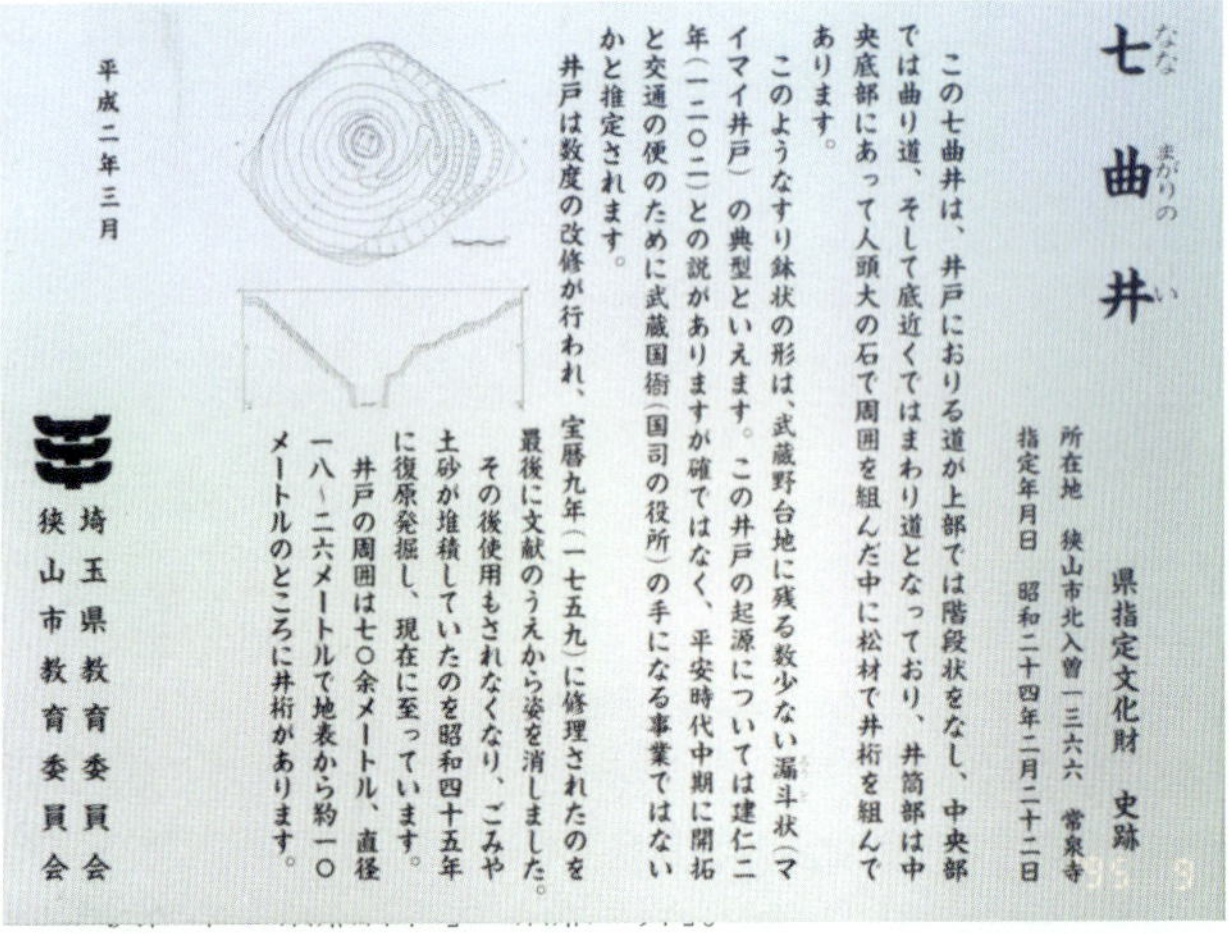
七《なな》曲《まがりの》井《い》
県指定文化財　史跡
所在地　狭山市北入曽一三六六　常泉寺
指定年月日　昭和二十四年二月二十二日
この七曲井は、井戸におりる道が上部では階段状をなし、中央部では曲り道、そして底近くではまわり道となっており、井筒部は中央底部にあって人頭大の石で周囲を組んだ中に松材で井桁を組んであります。
このようなすり鉢状の形は、武蔵野台地に残る数少ない漏斗状（マイマイ井戸）の典型といえます。この井戸の起源については建仁二年（一二〇二）との説がありますが確ではなく、平安時代中期に開拓と交通の便のために武蔵国衙（国司の役所）の手になる事業ではないかと推定されます。
井戸は数度の改修が行われ、宝暦九年（一七五九）に修理されたのを最後に文献のうえから姿を消しました。
その後使用もされなくなり、ごみや土砂が堆積していたのを昭和四十五年に復原発掘し、現在に至っています。
井戸の周囲は七〇余メートル、直径一八～二六メートルで地表から約一〇メートルのところに井桁があります。
平成二年三月
埼玉県教育委員会
狭山市教育委員会
'95 9

平成 7 年 9 月

埼玉県狭山市北入曽。

不老川の河畔にある「七曲の井」。

史跡 埼玉県指定
七曲井
史跡 埼玉県指定
七曲井

昭和 24 年 2 月 22 日に県文化財に指定

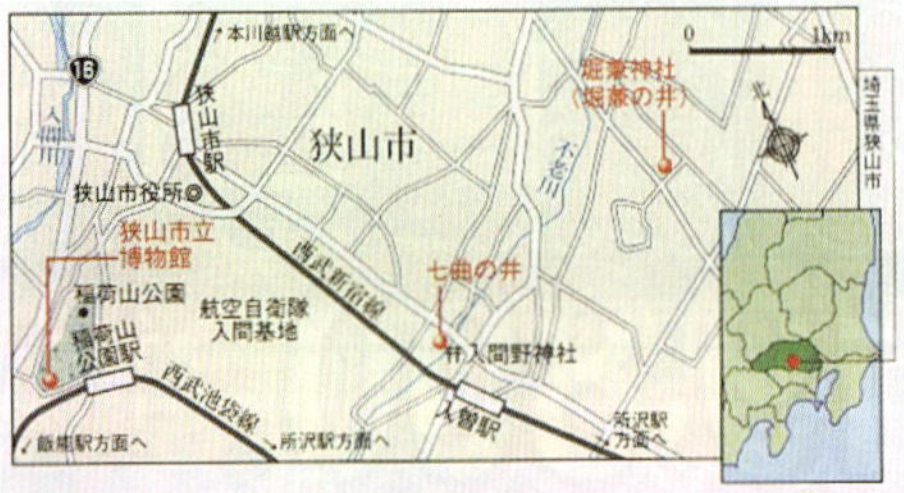
本川越駅方面へ
0
1km
16
狭山市駅
狭山市
堀兼神社（堀兼の井）
北
不老川
埼玉県狭山市
入間川
狭山市役所
狭山市立博物館
西武新宿線
七曲の井
稲荷山公園
航空自衛隊入間基地
稲荷山公園駅
入間野神社
西武池袋線
入曽駅
新所沢駅方面へ
飯能駅方面へ
所沢駅方面へ

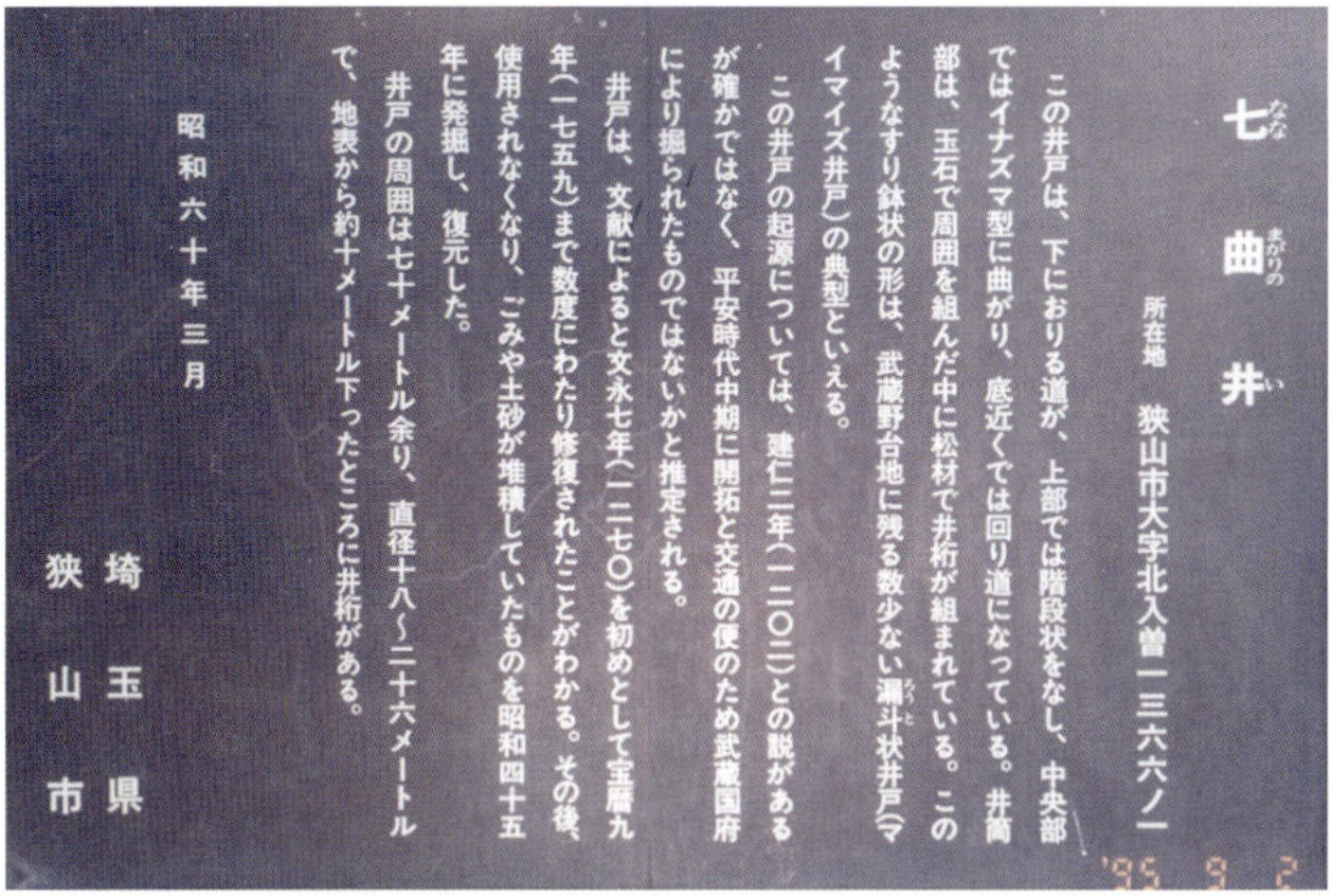
七《なな》曲《まがりの》井《い》
所在地　狭山市大字北入曽一三六六ノ一
この井戸は、下におりる道が、上部では階段状をなし、中央部ではイナズマ型に曲がり、底近くでは回り道になっている。井筒部は、玉石で周囲を組んだ中に松材で井桁が組まれている。このようなすり鉢状の形は、武蔵野台地に残る数少ない漏斗《ろうと》状井戸（マイマイズ井戸）の典型といえる。
この井戸の起源については、建仁二年（一二〇二）との説があるが確かではなく、平安時代中期に開拓と交通の便のため武蔵国府により掘られたものではないかと推定される。
井戸は、文献によると文永七年（一二七〇）を初めとして宝暦九年（一七五九）まで数度にわたり修復されたことがわかる。その後、使用されなくなり、ごみや土砂が堆積していたものを昭和四十五年に発掘し、復元した。
井戸の周囲は七十メートル余り、直径十八～二十六メートルで、地表から約十メートル下ったところに井桁がある。
昭和六十年三月
埼玉県
狭山市
'95 9 2
*七曲の井　埼玉県狭山市北入曾（県道所沢狭山線沿）
「まいまいずの井」と同じようなすり鉢状の井戸だがヘアピン状の通路で底に下りる。無住の寺の裏にあり民家が近接し環境は良くない。隣接して不老川があり井戸としての意味がよくわからない。川が野火止用水のような構成の人工河川なのか、渇水が多かったのか。

狭山市立博物館に展示されている「七曲の井」のレプリカ。

・井戸グッズ

織部焼き、お茶のフタ置き。一閑人（井戸覗き）と言うらしい。

昔の井戸の模型、つるべ付。（高さ 左 50cm、右 43cm）

南部鉄器。（高さ 21cm）

明器の井戸。（高さ 24cm）

はねつるべ井戸。（高さ 13.5cm）

骨董皿。井戸の絵は珍しい。（径 12cm）

貯金箱。桶にコインを入れ把手をまわすと桶の中のコインが落ちて「ポチャーン」とつるべが水面に落ちる音がする。

車井戸模型。
（高さ 20cm）

木製ミニ釣瓶と滑車。

ミニ井戸。（高さ 3cm）

印刷用原版か？
（84mm×54mm）

ガラス製三角井戸。
（高さ 12cm）

西洋井戸と水桶。
（高さ 45cm）

滑車と釣瓶。銅製は関西に多いそうだ。

・マイコレクション部屋ご案内

正面奥に故高円宮殿下ご夫妻との写真。殿下は根付けのコレクションで有名だ。日本の工芸技術の素晴らしさを世界に伝えられた。この部屋にはポンプ、井戸関連のほか、柿、とんぼ、ミニ自転車、ミニトイレ関連などを飾っている。このとなりの部屋には西瓜、じょうろ及びポストグッズなどがある。

ドアを開くとこの風景。

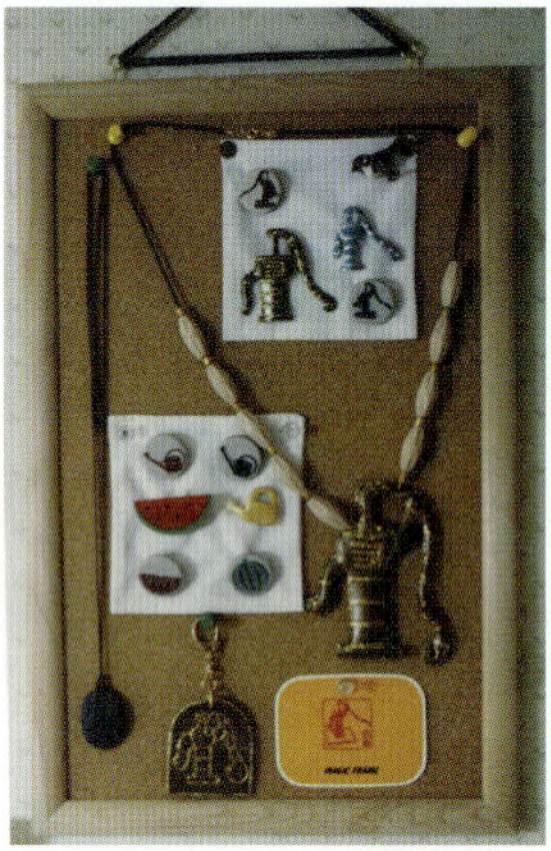

皮革デザイナー小島厚子氏作品。

井戸のアクセサリー。

ミニポンプ棚。

壁面の飾り（1）

ミニポンプのラック。

平成 14 年 10 月

実用ポンプ。

平成 14 年 4 月

ミニ井戸小屋製作途中。

井戸の清掃用具。井戸さらい。

平成 14 年 5 月

同上完成後。筆者作品。

平成15年3月1日朝日
文京区本郷、高田金次
郎氏宅。小暮誠氏撮影。

平成16年5月
おもちゃのポンプを漕ぐ木下洋子さん。

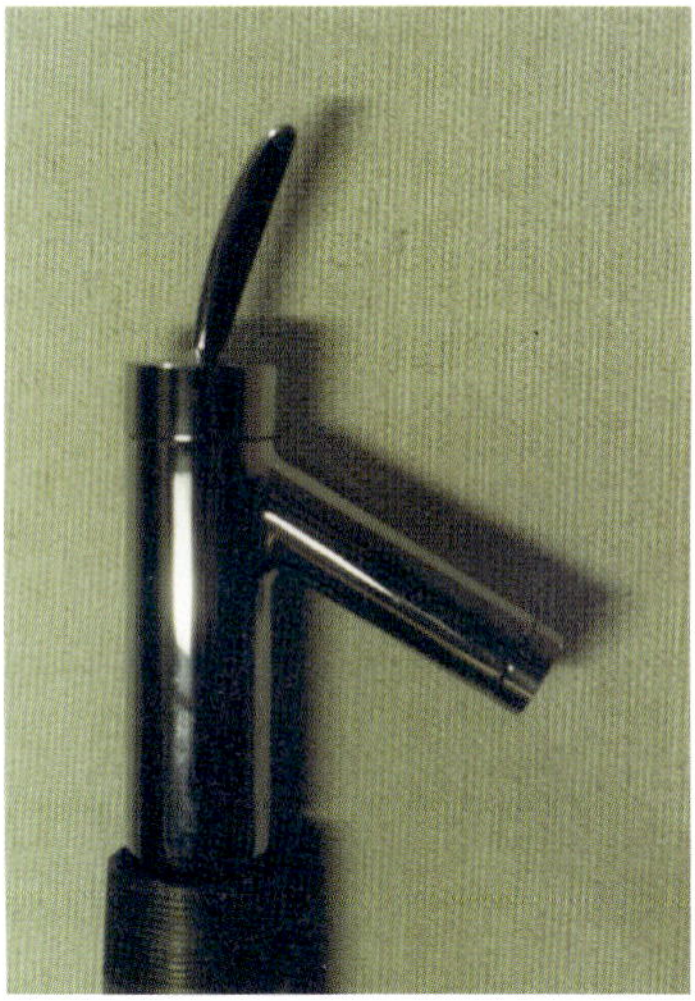

世界的工業デザイナー、P・スタルクデザインによる水栓。ポンプの原型を生かしている。平田純一氏（セラトレーディングco.）取り寄せ協力。

平成10年9月
露木佳恵さん。

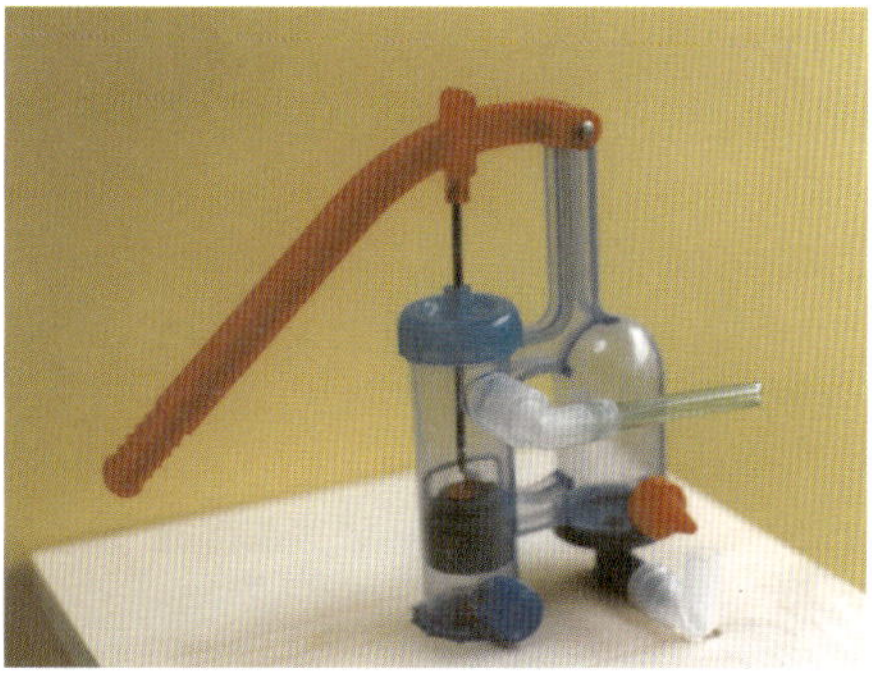

平成 15 年 8 月

平成 17 年 7 月

壁面の飾り。絵画、刺繍、手工芸品、写真等でいっぱい。

平成 15 年 8 月

平成 16 年 5 月
プラスチック製ミニポンプ。水が循環する仕掛けになっている。

平成 17 年 7 月

平成 17 年 8 月
長男・和泰夫婦。

平成 17 年 8 月
玄関のインテリア用ポンプ。

あとがき

編集を終わってみると現地取材や行動範囲が限られるのは止むを得ないとはいえ、肝心の自分の出身地である魚津どころか富山県も北陸地方もすっぽり抜けているのであった。水が豊富過ぎてもう手押しポンプなどという前近代的なものはとっくに絶滅してしまったのだろうか。いや、早いものでもう10年も経ってしまったが阪神大震災の年、平成7年10月14日付け北日本新聞によると、富山県上市中央小学校のグラウンドの一角に深井戸用の手押しポンプが設置された。井戸掘削会社の土肥鉄工の寄贈によるもので地域防災計画の災害時における飲用水としても活用されるとか。県内市町村では災害時用の井戸の設置はまだ少なく、ほかには富山市の県庁前公園と安野屋小学校にあるそうだが、残念ながら私は訪れる機会に恵まれなかった。

ところで、最後まで読んでくださったことに深く感謝いたします。なぜならば、「あとがき」を読むからには大抵はひととおり本の中味を見たり、読んだりしてくださった方々であると思うからです。「あとがき」だけ読むとは考えにくい。「まえがき」の場合は未だ読むだけの価値があるかどうか、好みや時間や他の用事や義理などとの兼ね合いもあって内容まで見るかどうかの判断材料としての段階にあるからだ。

環境問題、高齢化・少子化社会、健康、料理、教育、趣味など多種多様なメジャーなテーマがあるなかで、手押しポンプというのはいかにもマイナーなテーマである。阪神大震災の教訓などから災害・緊急時対策や発展途上国での生活用水確保のための援助などで辛うじて生き残っているとはいえ、時代の流れのなかで生まれ、重要な役割を果たしながらも消えていったものの一つであることは間違いない。

いまや情報社会となって、必要な情報や資料は新聞、テレビ、雑誌ばかりでなくインターネットからも手軽に、いとも簡単に集めることができるようだ。しかしこのような時代にあって本書で紹介している写真は殆ど自ら現地に赴いて、いわば足で集めた記録である。

したがってどの写真にもそのときどきの思い出が重なっている。協力者の方々からもそれぞれに自ら撮った写真を直接いただいた貴重なものだ。

とにもかくにも、私の多少マニアックなテーマに最後までお付き合いいただいた多くの方々にここに厚く心から感謝申し上げる次第です。

平成17年12月 吉日

筆 者

著者略歴

大島 忠剛（おおしま ただよし）

昭和12年（一九三七年）現在の富山県魚津市生まれ。

昭和31年 魚津高等学校 卒業。

昭和35年 東北大学工学部土木工学科 卒業。

日本国土開発㈱ 入社。

昭和40年 東北大学工学部土木工学科 文部教官助手。

昭和42年 日本住宅公団 入社（改称 住宅・都市整備公団。現在の都市再生機構。）

この間に、地域振興整備公団、筑波新都市開発㈱、多摩都市モノレール㈱に出向。

平成5年 ㈱オリエンタルコンサルタンツ 入社。㈱オリエスセンター兼務。

平成15年末 同社退社。現在に至る。

著書に『トーキングオブザ公衆トイレ』㈱環境公害新聞社 平成元年）、『ポンプ随想―井戸および地下水学入門―』（信山社出版㈱ 平成7年）、その他論文、寄稿（文芸社『樺太回想録』太田勝三著 平成13年等）随筆、散文多数。

現住所 〒214-0006 神奈川県川崎市多摩区菅仙谷三―一―一二―二〇一
電話・FAX 044-944-3795

著　者

写真集　手押しポンプ探訪録

2006年 1 月25日　第 1 版第 1 刷発行

著　者　大 島 忠 剛
発行者　今 井　 貴
発行所　株式会社 信 山 社
〒113-0033 東京都文京区本郷6-2-9-102
Tel 03-3818-1019
Fax 03-3818-0344
info@shinzansha.co.jp
Printed in Japan

©大島忠剛　2006
印刷・製本／エーヴィスシステムズ・文泉閣
ISBN4-7972-9274-1 C1051
禁コピー　信山社　2006

マングローブの生態 −保全・管理への道を探る− 単
小滝一夫 著（千葉エコロジーセンター代表） マングローブの役割が注目されている/環境
定価2,940円（本体2,800円）⑤ B5並カ/146頁 2518-01011 /**4-7972-2518-1** C 3061 /199708 刊/分類 03-519.001-d 011

最新魚道の設計 −魚道と関連施設− 単
ダム水源地環境整備センター 編 わが国独自の技術成果を紹介/実務書
定価9,975円（本体9,500円）⑤ B5変上カ/584頁 2528-01011 /**4-7972-2528-9** C 3051 /199806 刊/分類 03-519.001-d 013

ポンプ随想 −井戸および地下水学入門− 単
大島忠剛 著（元住宅公団） ポンプの役割を再発見/随想
定価3,038円（本体2,893円）⑤ A5変並カ/320頁 963-01011 /**4-88261-963-6** C 1501 /199508 刊/分類 01-519.001-d 014

魚から見た水環境 −復元生態学に向けて・河川編− 自然復元特集4
森 誠一 著（岐阜経済大学助教授） 人間の視点からではなく、魚の視点から考える/環境
定価2,940円（本体2,800円）⑤ B5並カ/246頁 2516-01011 /**4-7972-2516-5** C 3045 /199806 刊/分類 03-519.001-d 015

魚にやさしい川のかたち 単
水野信彦 著（元愛媛大学教授） 河川改修にみる魚との共存可能性/ビオトープ
定価2,854円（本体2,718円）⑤ B5並カ/135頁 537-01011 /**4-88261-537-1** C 3045 /199511 刊/分類 03-519.001-d 016

わたしたちの森林づくり（新装版） 単
森林クラブ 監編 豊かな山林・森林文化の充実を図る/一般
定価1,890円（本体1,800円）⑤ A5変並カ/192頁 2979-01011 /**4-7972-2979-9** C 3061 /199802 刊/分類 03-519.001-d 017

魚にやさしい川のかたち 単）
水野信彦 著（元愛媛大学理学部教授） 魚がすみやすい河川を考える/環境
定価2,940円（本体2,800円）⑤ B5並カ/135頁 2971-01021 /**4-7972-2971-3** C 3045 /199511 刊/分類 03-519.001-d 018

近自然河川工法の研究 −生命系の土木建設技術を求めて− 単
クリスチャン・ゲルディ・福留脩文 著 数多くの写真で解説/入門書
定価2,625円（本体2,500円）⑤ B5並カ/110頁 2974-02021 /**4-7972-2974-8** C 3051 /199709 刊/分類 03-519.001-d 019

都市につくる自然 −生態園の自然復元と管理運営− 単
沼田 眞 監、中村俊彦・長谷川雅美 編 都市の中での自然の守り方、作り方/環境
定価3,045円（本体2,900円）⑤ A5変並カ/198頁 2976-01021 /**4-7972-2976-4** C 3045 /199612 刊/分類 03-519.001-d 020

エバーグレーズよ永遠に −広域水環境回復をめざす南フロリダの挑戦− 単
桜井善雄 訳編（応用生態学研究所） 湿地帯回復事業の取組みを紹介/環境
定価2,625円（本体2,500円）⑤ A5変並カ/104頁 2546-01011 /**4-7972-2546-7** C 3040 /200004 刊/分類 03-519.001-d 022

輝く海・水辺のいかし方 単
廣崎芳次 著（野生水族繁殖センター代表・元江ノ島水族館館長） 生きものを殖し育てることが利益を生む時代/環境
定価1,890円（本体1,800円）⑤ A5変並カ/156頁 2539-01011 /**4-7972-2539-4** C 3045 /199907 刊/分類 03-519.001-d 023

都市につくる自然 −生態園の自然復元と管理運営− 自然環境復元S
沼田 眞 監、中村俊彦・長谷川雅美 編 都市の中での自然の守り方、作り方/環境
定価2,957円（本体2,816円）⑤ A5変並カ/200頁 2504-01011 /**4-7972-2504-1** C 3045 /199612 刊/分類 03-519.001-d 024

エコロジカル・デザイン −シム・ヴァンダーリンとスチュアート・コーワンの− ビオシティ・ブックス2
(株) ビオシティ 編、シム・ヴァンダ、スチュワート・コーワン 著 ごみは「デザイン」によって食糧になる ビオシティ/一般
定価2,940円（本体2,800円）⑤ A5並カ/304頁 1102-01031 /**4-7972-1102-4** C 0040 /199705 刊/分類 14-519.001-d 027

地域開発と水環境 自然環境復元S
信州大学（地域開発と環境問題研究班） 編 大規模開発がもたらす水源地への影響を検証/実用
定価2,940円（本体2,800円）⑤ 菊変並カ/230頁 112-01011 /**4-88261-112-0** C 3336 /199010 刊/分類 03-519.001-d 028

日本の湿地保護運動の足跡 −日本最大の干潟が消滅する？有明海諫早湾
山下弘文 著 湿地保護運動の情熱と足跡の歴史を語る/環境
定価2,039円（本体1,942円）⑤ A5変並カ/150頁 500-01011 /**4-88261-500-2** C 3036 /199403 刊/分類 03-519.001-d 029

里山再興と環境ＮＰＯ −トンボ公園づくりの現場から− 単
新井 裕 著 環境 NPO の理想と現実を直視する/環境
定価1,890円（本体1,800円）⑤ 46判並表/144頁 2575-01011 /**4-7972-2575-0** C 3061 /200407 刊/分類 03-519.001-d 030

市民による里山の保全・管理
重松敏則 著（元大阪府立大学講師・九州芸術工科大学教授） 市民参加で里山の植生を復元する/環境
定価2,940円（本体2,800円）⑤ B5並表/74頁 504-01011 /**4-88261-504-5** C 3045 /199104 刊/分類 03-519.001-d 030

order@shinzansha.co.jp http : //www.shinzansha.co.jp